Mohammed Bouhadja

Modélisation et simulation des verres CAS par dynamique moléculaire

Mohammed Bouhadja

Modélisation et simulation des verres CAS par dynamique moléculaire

Modélisation des verres d'aluminosilicates de calcium (CAS) par dynamique moléculaire : Structure et dynamique

Presses Académiques Francophones

Impressum / Mentions légales
Bibliografische Information der Deutschen Nationalbibliothek: Die Deutsche Nationalbibliothek verzeichnet diese Publikation in der Deutschen Nationalbibliografie; detaillierte bibliografische Daten sind im Internet über http://dnb.d-nb.de abrufbar.
Alle in diesem Buch genannten Marken und Produktnamen unterliegen warenzeichen-, marken- oder patentrechtlichem Schutz bzw. sind Warenzeichen oder eingetragene Warenzeichen der jeweiligen Inhaber. Die Wiedergabe von Marken, Produktnamen, Gebrauchsnamen, Handelsnamen, Warenbezeichnungen u.s.w. in diesem Werk berechtigt auch ohne besondere Kennzeichnung nicht zu der Annahme, dass solche Namen im Sinne der Warenzeichen- und Markenschutzgesetzgebung als frei zu betrachten wären und daher von jedermann benutzt werden dürften.

Information bibliographique publiée par la Deutsche Nationalbibliothek: La Deutsche Nationalbibliothek inscrit cette publication à la Deutsche Nationalbibliografie; des données bibliographiques détaillées sont disponibles sur internet à l'adresse http://dnb.d-nb.de.
Toutes marques et noms de produits mentionnés dans ce livre demeurent sous la protection des marques, des marques déposées et des brevets, et sont des marques ou des marques déposées de leurs détenteurs respectifs. L'utilisation des marques, noms de produits, noms communs, noms commerciaux, descriptions de produits, etc, même sans qu'ils soient mentionnés de façon particulière dans ce livre ne signifie en aucune façon que ces noms peuvent être utilisés sans restriction à l'égard de la législation pour la protection des marques et des marques déposées et pourraient donc être utilisés par quiconque.

Coverbild / Photo de couverture: www.ingimage.com

Verlag / Editeur:
Presses Académiques Francophones
ist ein Imprint der / est une marque déposée de
OmniScriptum GmbH & Co. KG
Heinrich-Böcking-Str. 6-8, 66121 Saarbrücken, Deutschland / Allemagne
Email: info@presses-academiques.com

Herstellung: siehe letzte Seite /
Impression: voir la dernière page
ISBN: 978-3-8381-4263-0

Copyright / Droit d'auteur © 2014 OmniScriptum GmbH & Co. KG
Alle Rechte vorbehalten. / Tous droits réservés. Saarbrücken 2014

Remerciements

Mes premiers remerciements vont à mon Directeur de thèse Noel JAKSE pour sa patience face aux délais de ce travail de recherche ainsi qu'en particulier pour sa très disponibilité durant les trois ans. J'adresse également ma gratitude et mes remerciements à Jeans Louis BARRAT, qui m'a fait l'honneur de présider le jury. Mes vifs remerciements sont adressés à Jean François WAX et Magali BENOIT pour avoir accepté d'être rapporteurs de ce travail ainsi que Patrick GANSTER pour avoir accepté de l'examiner. J'ai particulièrement apprécié leurs commentaires, leurs critiques et questions et également leurs encouragements à poursuivre ce travail.

Je souhaite par ailleurs remercier l'ensemble des gens qui m'ont aidé à réaliser ce travail, en particulier Alain PASTUREl, Thi Le Thuy NGUYEN, Olivier le BACQ, Roberta POLONI.

J'adresse mes remerciements à Monsieur Michel PONS, Directeur du laboratoire SIMaP Grenoble pour m'avoir accueilli au sein du laboratoire, et l'ensemble de l'équipe administrative du Laboratoire SIMaP et également de l'école doctorale I-MEP2 pour les aides sympathiques.

Mes sincères remerciements s'adressent aux centres de calculs CINES, IDRIS et PHYNUM CIMENT pour les supports techniques.

Un grand merci aux personnes du laboratoire, pour leur amitiés et les aides diverses, qui ont contribué énormément au bon déroulement de ce travail et en particulier Ioana NUTA, Evelyne, Sabine LAY, Fred, Fabienne FONSECA, Jacqueline.

Je ne peux pas oublier mes amis à Grenoble et Amiens : Iskander, Mustapha, Mohammeden, Mohammed Haibi, Mourad Salah et Mourad Makaci, Boumediene, zakaria, Omar, Mounir, Tarik, Rabah, Nabil, Adel, Oleksii, Amina, Hiroyuki … ect.

Enfin, toutes mes pensées vont à mes parents, mes sœurs qui sont toujours à mes côtés et m'ont soutenu pendant leur encouragement tout au long de ces années de thèse ou particulièrement dans les moments difficiles de ma vie.

Encore, merci à tous …

Mohammed BOUHADJA

Modeling calcium aluminosilicate glasses by molecular dynamics: Structure and dynamics

The aim of this work is to study the structural and dynamic properties of calcium aluminosilicate glasses $CaO-Al_2O_3-SiO_2$ (CAS) by classical molecular dynamics, using an empirical potential of the Born-Mayer-Huggins type, built on the basis of ab initio molecular dynamics (AIMD) and the experimental results. This potential proves to be transferable for all concentration and the structural and dynamic properties studied.

The evolution of structural properties has been studied as a function of temperature and silica content for the three concentration ratios R = [CaO]/[Al2O3]= 1, 1.57 et 3. The results reveal the presence of non-bonding oxygen, oxygen triclusters and AlO_5 structural units for all the concentrations whose number decrease with increasing silica content. The study of the temperature evolution of the viscosity and structural relaxation time shows that the fragility decreases with the increase of silica content for all values of R. A correlation with the evolution of the number non-bonding oxygen indicates that they play a preponderant role for the fragility. It is shown that the mode coupling theory can be applied to the dynamics of the CAS and that a violation of the Stokes-Einstein relation occurs well above the experimental melting point indicating a dynamical heterogeneity.

Keywords: calcium aluminosilicate, diffusion, viscosity, fragility, BMH potential, molecular dynamics, dynamical heterogeneity, non-bonding oxygen.

Modélisation des verres d'aluminosilicates de calcium par dynamique moléculaire : Structure et dynamique

Ce travail a pour but d'étudier les propriétés structurales et dynamiques des verres aluminosilicate de calcium CaO-Al$_2$O$_3$-SiO2 (CAS) par dynamique moléculaire classique, à partir d'un potentiel empirique de type Born-Mayer-Huggins, construit sur la base de résultats de dynamique moléculaire *ab initio* (AIMD) et expérimentaux. Il montre de bonnes propriétés de transférabilité sur toutes les concentrations pour les propriétés structurales et dynamiques étudiées.

L'évolution des propriétés structurales a été étudiée en fonction de la température et de la concentration en silice pour trois rapports de concentrations R = [CaO]/[Al2O3]= 1, 1.57 et 3. Les résultats révèlent la présence des oxygènes non-pontants et tricoordonnés et d'aluminium penta-coordonnés pour toutes les concentrations dont le nombre diminue avec l'augmentation de la concentration en silice. L'étude de la viscosité et du temps de relaxation structurale avec la température a permis de montrer que la fragilité diminue avec l'augmentation de la concentration en silice pour les trois valeurs de R. Une corrélation avec l'évolution des oxygènes non pontant indique que ces derniers jouent un rôle prépondérant pour la fragilité. Il est montré que la théorie des couplages de modes s'applique à la dynamique des CAS et qu'une violation de la relation de Stokes-Einstein se produit au-dessus du point de fusion expérimental indiquant une hétérogénéité dynamique.

Mots clés : aluminosilicate de calcium, diffusion, viscosité, fragilité, potentiel BMH, dynamique moléculaire, hétérogénéité dynamique, oxygènes non pontant.

Sommaire

INTRODUCTION GENERALE 9
CHAPITRE I   LES VERRES D'ALUMINOSILICATES DE CALCIUM 13
   I-1 INTRODUCTION 13
   I-2 LES VERRES ET LEUR FORMATION A PARTIR DU LIQUIDE 14
      I.2.1 Etat vitreux ou amorphe 14
      I.2.2 Structure d'un verre 16
      I.2.3 Fragilité 18
      I.2.3 Comportement dynamique 20
      I.2.4 Approche cinétique : théorie des couplages de modes 22
      I.2.4 Approche thermodynamique : théorie d'Adam-Gibbs 23
      I.2.6 La surface d'énergie potentielle 25
      I.2.7 Hétérogénéité dynamique 29
   I-3 ALUMINOSILICATES DE CALCIUM 31
      I.3.1 Aspects généraux sur les verres CAS 31
      I.3.2 Caractéristiques structurales des verres CAS 34

CHAPITRE II   METHODES DE SIMULATION : LA DYNAMIQUE MOLECULAIRE 41
   II.1-INTRODUCTION 41
   II.2- METHODE DE DYNAMIQUE MOLECULAIRE 42
      II.2.1 Principes généraux 42
      II.2.2 Equations du mouvement 43
      II.2.3 Algorithme de Verlet 44
      II.2.4 Conditions aux limites périodiques 46
      II.2.5 Contrôle des conditions thermodynamiques 48
      II.2.6 Déroulement d'une simulation de DM 49
      II.2.7 Optimisation de la simulation: listes, cellules, et algorithmes parallèles 52
   II.3 POTENTIEL EMPIRIQUE POUR LES CAS 53
      II.3.1 Principe de modélisation des interactions 53
      II.3.2 Potentiel empirique de type Born-Mayer-Huggins (BMH) 54
      II.3.3 Interactions coulombiennes : sommation d'Ewald 55
      II.3.4 Paramétrage pour les CAS 56
   II.4 CALCUL DES PROPRIETES PHYSIQUES 59
      II.4.1 Propriétés thermodynamiques 60
      II.4.2 Energie de structure inhérente 60
      II.4.3 Propriétés structurales 62
      II.4.4 Anneaux 65
      II.4.5 Propriétés dynamiques et de transport atomique 66

CHAPITRE III   PROPRIETES STRUCTURALES DES VERRES CAS 71
   III.1 INTRODUCTION 71
   III.2 VALIDATION POTENTIEL 73
      III.2.1 Mode opératoire des simulations 73
      III.2.2 Températures de transition vitreuse 75
      III.2.3 Facteurs de structure 77
      III.2.4 Fonctions de corrélation de paires et nombres de coordination 80

III.2.5 Distributions angulaires 84
III.3 EVOLUTION DE L'ORDRE LOCAL AVEC LA TEMPERATURE ET LA COMPOSITION 89
    III.3.1 Réseaux tétraédriques 89
    III.3.2 Fonctions de corrélation partielles... 93
    III.3.3 Entités structurales NBO, TBO et AlO_5 97
III.3 ORDRE A MOYENNE PORTEE 104

CHAPITRE IV PROPRIETES DYNAMIQUES DES VERRES CAS 107

    IV.1 INTRODUCTION 107
    IV.2 FRAGILITE DES VERRES CAS... 108
        IV.2.1 Relaxation structurale et diffusion 108
        IV.2.2 Fragilité 114
    IV.3 PROPRIETES DYNAMIQUES SUR LE JOINT $R = 1$ 120
        IV.3.1 Principe de superposition temps-température 120
        IV.3.2 Température critique de la théorie du couplage de modes 122
        IV.3.3 Violation de la relation de Stokes-Einstein 124

CONCLUSION GENERALE... 131

ANNEXE I CODE DE SIMULATIONS LAMMPS 135

ANNEXE II DETERMINATION DES FACTEURS DE STRUCTURES PARTIELS 139

ANNEXE III ISAACS.. 145

Introduction générale

Bien que les premiers verres d'oxydes silicatés aient été produits il y a plusieurs milliers d'années dans l'Egypte ancienne, ils font toujours partie de notre vie quotidienne. Par exemple, ils composent des contenants de tous types (alimentaires, produits ménagers, produits cosmétiques, etc…) et il entre dans la fabrication de dispositifs d'éclairage, industriels, médicaux, scientifiques, électroniques (écrans de tablettes tactiles, etc…). Par ailleurs, ils font toujours l'objet de développements technologiques notamment dans des domaines comme l'optique, l'aéronautique, l'automobile, les ciments, le stockage des déchets nucléaires. Ces deux derniers domaines ont bien entendu un fort impact environnemental dans notre société.

D'un point de vue fondamental, force est de constater que les propriétés des verres silicatés restent encore partiellement incomprises [Binder & Kob, 2005]. Ces verres sont formés à partir de la phase liquide par un refroidissement suffisamment rapide, au cours duquel ils passent par une surfusion avant de subir une transition vitreuse. Bien que les phénomènes de surfusion [Farhenheit, 1724] et de transition vitreuse qui président à leur formation soient connus depuis fort longtemps, la compréhension des mécanismes microscopiques sous-jacents, l'évolution des propriétés physiques et la fragilité [Angell, 1995], ainsi que l'extraordinaire ralentissement de la dynamique [Das, 2004 ; Ediger, 2000 ; Stillinger & Debenedetti, 2013] à l'approche de la transition vitreuse restent des défis scientifiques. La nature même de la transition vitreuse demeure l'un des grands problèmes non résolu en physique de la matière condensée [Angell, 2000].

Une meilleure compréhension de ces phénomènes peut être envisagée par une étude détaillée des propriétés structurales et dynamiques à l'échelle atomique soit par des méthodes expérimentales soit par simulation numérique. Côté expérimental, des développements instrumentaux récents basés sur la lévitation aérodynamique permettent la réalisation d'expériences de diffusion quasi-élastique et inélastique de neutrons et de diffraction inélastique de rayons X [Kozaily, 2012], qui donnent accès aux propriétés structurales et dynamiques de ces verres avec une grande précision dans la phase liquide, surfondue et vitreuse. Lorsque l'expérience est combinée aux simulations de dynamique moléculaire *ab initio* et/ou classiques, une interprétation détaillée des mécanismes microscopiques devient possible, lorsqu'elle est replacée dans un cadre théorique adéquat, et permet de faire une relation structure/propriétés dynamiques [Jakse & *al.*, 2012 ; Bouhadja & *al.*, 2013].

Dans ce travail de thèse, nous nous proposons d'étudier par dynamique moléculaire des prototypes de verres silicatés, les aluminosilicates de calcium ($CaO-Al_2O_3-SiO_2$, CAS) dont les propriétés structurales et dynamiques peuvent être variées par un changement de composition des trois oxydes purs. En particulier, la variation de la teneur en silice dans les CAS a une grande influence sur la fragilité [Angell, 1995]. Bien que ce système puisse être considéré comme un modèle de verres d'oxyde silicaté, il représente en lui-même un intérêt technologique de par ses bonnes propriétés optiques et du fait que certaines compositions spécifiques sont des candidates potentielles pour le stockage des déchets nucléaires [Ganster, 2005]. Par ailleurs, les CAS représentent la composition de base des verres silicatés présents dans le manteau terrestre. Ainsi, d'un point de vue géologique, une meilleure connaissance des propriétés physiques comme la diffusion et la viscosité en fonction de la composition et des conditions de pression et de température, permet de mieux comprendre par exemple les écoulements magmatiques ou les éruptions volcaniques qui peuvent parfois être explosives [Stebbins & *al.*, 1995].

Le but de ce travail est d'étudier l'évolution de la fragilité des verres CAS en faisant varier la teneur en silice (SiO_2) et d'en analyser l'origine structurale. En particulier, nous examinerons les unités structurales défectives comme les oxygènes non pontant, les aluminiums penta-coordonnés et les oxygènes tri-coordonnés. Un ordre à moyenne portée sera également abordé. Nous étudierons ensuite le ralentissement des propriétés dynamiques lors du refroidissement en surfusion avant d'atteindre la transition vitreuse en nous plaçant dans le cadre de la théorie du couplage des modes. Nous examinerons aussi ce ralentissement en relation avec la violation de la relation de Stokes-Einstein et les hétérogénéités dynamiques. La stratégie de simulation consistera à construire un potentiel empirique de type Born-Mayer-Huggins [Huggins & Mayer, 1933 ; Soules, 1982] essentiellement sur la base de calculs de dynamique moléculaire *ab initio*, de façon à pouvoir réaliser des simulations de taille importante et pouvoir analyser un ordre à moyenne portée et sur des durées suffisantes pour analyser les propriétés dynamiques dans les états surfondus.

Le présent mémoire est alors structuré en quatre chapitres de la manière suivante:

Dans le premier chapitre, nous donnerons les définitions et concepts généraux ainsi que le cadre théorique utiles comme la transition vitreuse, la fragilité et la dynamique hétérogène, et de fournir une vue générale des propriétés des aluminosilicates de calcium (CAS) tout en exposant l'intérêt des compositions choisies.

Dans le deuxième chapitre, nous exposerons la technique de simulation la dynamique moléculaire ainsi que les étapes de déroulement d'une expérience numérique typique et la façon d'en extraire les propriétés thermodynamiques, structurales et dynamiques utiles dans ce travail. Nous présenterons également le potentiel empirique Born-Mayer-Huggins [Huggins & Mayer, 1933 ; Soules, 1982] qui est bien adapté à la modélisation des CAS et les paramètres qui ont été ajustés sur des résultats de dynamique moléculaire *ab initio* et des données expérimentales.

Dans le troisième chapitre, nous étudierons les propriétés structurales des CAS dans les phases liquides, surfondues et vitreuses, pour toutes les compositions choisies. Leur évolution est analysée en fonction de la teneur en silice. Dans un premier temps, le potentiel empirique sera validé, puis l'évolution des propriétés structurales en fonction de la composition en silice et de la température sera examinée, et enfin un ordre à moyenne distance sera étudié au moyen d'une statistique d'anneaux.

Dans le quatrième chapitre, nous aborderons les propriétés dynamiques des verres CAS avec, dans un premier temps, l'étude de l'évolution de la fragilité dynamique au sens d'Angell [Angell, 1995] avec l'ajout de silice et d'établir une relation avec les caractéristiques structurales analysées au chapitre précédent. Dans un second temps, nous analyserons les propriétés dynamiques de façon plus détaillée sur une série particulière de compositions dans le cadre de la théorie des couplages de modes, et nous tenterons d'établir une connexion entre la fragilité et la violation de la relation Stokes–Einstein, révélatrice d'une hétérogénéité dynamique.

Ces quatre chapitres seront clos par une conclusion générale qui synthétisera les différents aspects abordés dans ce travail et tracera un certain nombre de perspectives.

Chapitre I

Les verres d'Aluminosilicates de Calcium

I-1 Introduction

Nous nous intéressons dans ce travail aux aluminosilicates de calcium (CAS) qui sont d'un grand intérêt dans de nombreux domaines comme l'industrie du verre, les ciments, les céramiques, l'optique, la microélectronique, le traitement des déchets nucléaires, sans oublier la géologie, puisque ces verres entrent de façon importante dans la composition de la croûte terrestre. Une meilleure connaissance de leurs propriétés dans la phase liquide et dans l'état vitreux est donc importante pour une meilleure compréhension de leur comportement dans les différents domaines cités. Nous nous attacherons à donner une description à l'échelle atomique car il s'avère que les propriétés thermodynamiques et dynamiques dépendent fortement de la structure microscopique [Mysen, 1988]. En particulier, nous nous intéressons à la variation de fragilité et plus généralement aux propriétés dynamiques en relation avec les propriétés structurales.

Ce premier chapitre a pour vocation de donner les définitions et concepts généraux ainsi que le cadre théorique utiles pour l'étude qui est menée dans cette thèse et de faire une revue bibliographique des verres d'aluminosilicate de calcium (CAS) en exposant l'intérêt des compositions choisies. Il se décompose donc en deux parties. La première concerne les propriétés générales des verres et leur formation à partir de la phase liquide, ainsi que le cadre théorique qui accompagne les concepts de ralentissement de la dynamique, de transition vitreuse et de fragilité. La deuxième partie concerne plus particulièrement les propriétés structurales et dynamiques des verres CAS.

I-2 Les verres et leur formation à partir du liquide

I.2.1 Etat vitreux ou amorphe

Examinons tout d'abord les conditions de formation d'un verre à partir de la phase liquide. La Figure I.1 montre la variation de l'enthalpie ou du volume molaire d'un liquide en fonction de la température. Lorsque que le liquide est refroidi sous la température de fusion, T_f, la phase liquide peut persister, c'est le phénomène dit de surfusion, qui a été remarqué pour la première fois par Fahrenheit [Fahrenheit, 1724] lors d'une étude sur l'eau. Durant la surfusion, le liquide franchit une barrière énergétique avant de se transformer en une phase solide. La théorie classique de la nucléation [Becker & Döring, 1935; Turnbull & Fisher, 1949], que l'on n'abordera pas ici, permet de rendre compte de ce phénomène de solidification.

Cependant, si le liquide est refroidi suffisamment rapidement, la cristallisation n'a pas le temps de se produire. Durant la phase de refroidissement, le volume ou l'enthalpie du liquide surfondu change rapidement, mais de façon continue, et se stabilise à une valeur proche de celle de la phase solide, à une température appelée la température de transition vitreuse T_G. En-dessous de cette température, le liquide apparaît comme « figé » s'il est observé sur des temps caractéristiques de laboratoire. Le système se trouve alors dans une situation hors équilibre et le matériau résultant est un verre, avec des propriétés structurales qui ont relativement peu varié par rapport à celle du liquide.

L'intersection entre la branche liquide et la branche vitreuse du volume ou de l'enthalpie en fonction de la température est une définition de T_G. Il existe d'autres définitions que nous verrons par la suite. Cette transition se produit en général aux alentours de $2T_f/3$, cependant, ce n'est pas véritablement une température de transition de phase car elle ne correspond à aucun changement discontinu d'une propriété physique. L'un des facteurs qui a un impact important sur la formation d'un verre est la vitesse de trempe. Comme le montre la Figure I.1, une vitesse de trempe plus rapide impliquera une valeur de T_G, du volume ou de l'enthalpie plus élevée. Ainsi, le processus par lequel est formé le verre conditionne ses propriétés physiques.

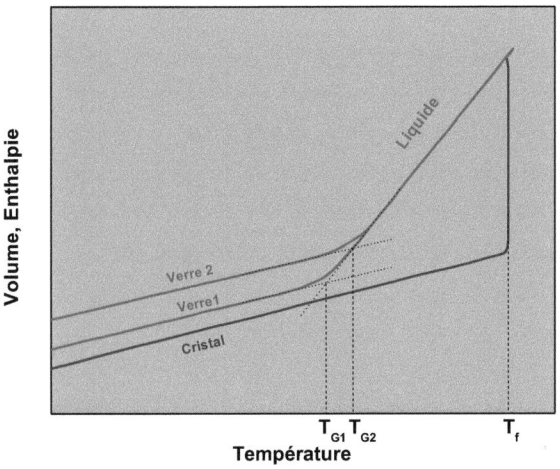

Figure I.1 : *Volume ou enthalpie en fonction de la température. T_f est la température de fusion. T_{G1} est la température de transition vitreuse avec une vitesse de refroidissement plus lente. T_{G2} est la température de transition vitreuse avec une vitesse de refroidissement plus rapide.*

Lors du refroidissement rapide, les atomes du liquide surfondu subissent un fort ralentissement de leur mouvement. Dans le liquide au-dessus du point de fusion, une propriété de transport atomique telle que la viscosité prend typiquement des valeurs de l'ordre du mPa.s et les temps de relaxation sont de l'ordre de la pisoseconde. Lorsque le système s'approche de la température de transition vitreuse, les expériences montrent une augmentation de ces propriétés de près de 15 ordres de grandeur, alors que la température n'a varié que de quelques centaine de Kelvin au plus. Une autre définition couramment utilisée de la température de transition vitreuse est que la viscosité ait atteint 10^{12} Pa.s ou de façon équivalente que le temps de relaxation ait atteint 100 s [Kob & Binder, 2005].

La chaleur spécifique à pression constante, quant à elle, montre à la transition vitreuse une diminution abrupte (voir Figure I.4) qui est indicative d'une diminution du nombre d'états accessibles au système [Angell, 1995]. Elle est également utilisée pour localiser la température de transition vitreuse.

I.2.2 Structure d'un verre

D'un point de vue structural, le verre est donc généralement défini comme un matériau solide qui possède une structure s'apparentant à celle du liquide avec un ordre local à courte portée (SRO, « short range order »), voire un ordre à moyenne portée (MRO, « medium range order »), mais sans la périodicité à longue portée caractéristique de l'état cristallin. Cependant, suivant le type de matériau considéré, à savoir un verre d'oxyde, un amorphe métallique, un polymère, etc. la nature du désordre structural peut être très différente. [Zarzycki, 1982; Zachariasen, 1932 ; Cusack, 1986; Elliot, 1983 ; Kob, 2005; Cheng, 2011].

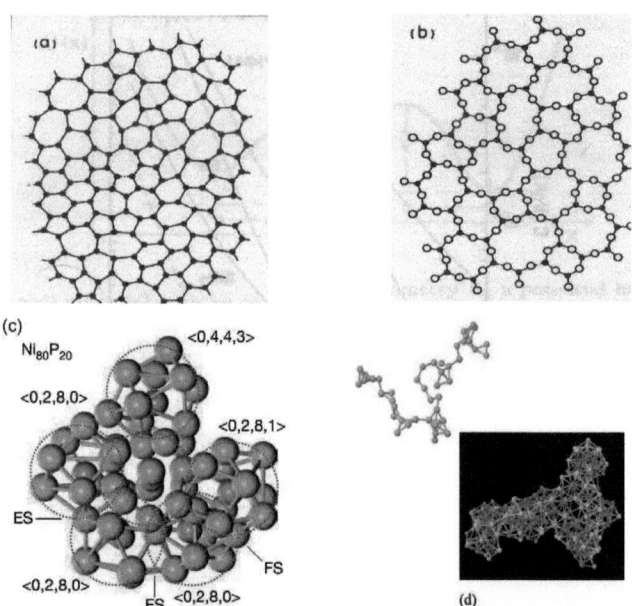

Figure I.2 : Les images (a) et (b) correspondent à la structure atomique d'un verre d'oxyde, les images (c) et (d) correspondent à la structure atomique d'un verre métallique de type $Ni_{80}P_{20}$ et CuZr [Lad & al., 2012] respectivement.

Par exemple, la Figure I.2 montre la structure schématique d'un verre d'oxyde et celle d'un verre métallique. Les verres d'oxydes montrent en général une structure sous forme d'un réseau continu aléatoire (CRN, « continious random network »). L'ordre chimique local est le même que dans l'état cristallin, ce qui est essentiellement dû aux liaisons covalentes fortes qui dominent à courte distance, une organisation à moyenne distance sous forme d'anneaux et un désordre à longue distance [Zachariasen, 1932]. Les verres métalliques, quant à eux, possèdent en général un ordre local à caractère icosaédrique qui est différent de l'ordre cristallin et un ordre à moyenne distance fait d'un empilement d'icosaèdres de taille nanométrique [Cheng, 2011 ; Lad & *al.*, 2012].

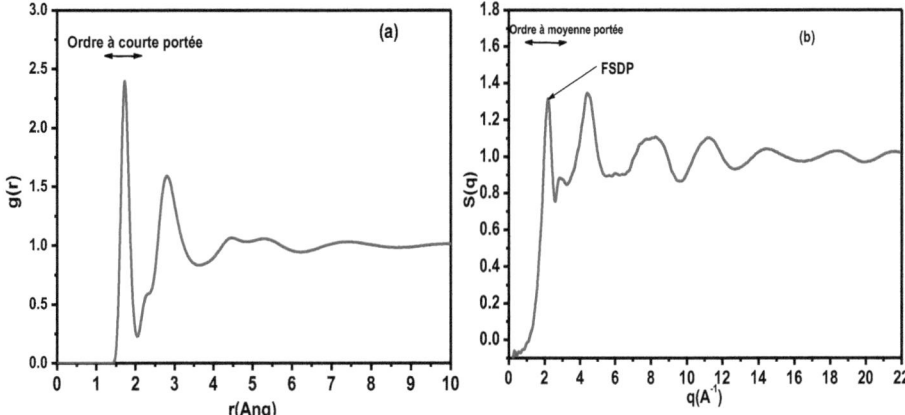

Figure I.3: *(a) Fonction de corrélation de paires totale g(r) et (b) le facteur de structure total S(q).*

Avant d'entrer plus en détail dans les propriétés structurales des CAS dans la section I.3, donnons ici une première image de la nature de la structure d'un verre qui est très générale. Elle peut être décrite en première approche en termes de la fonction de corrélation de paires, $g(r)$ [Hansen & McDonnald, 1986; Barrat & Hansen, (2003)], en fonction de la distance r d'un atome pris comme origine. La Figure I.3(a) montre la fonction $g(r)$ typique d'un verre avec une succession de pics qui matérialise radialement les couches d'atomes successives autour de l'origine. Le premier pic est caractéristique de l'ordre local puisqu'il représente la couche des premiers voisins. La position du maximum fournit la distance moyenne de liaison avec les premiers voisins. L'intégration de $g(r)$ jusqu'au premier minimum donne le nombre de coordination, comme on le verra plus en détail dans le chapitre II. Les oscillations suivantes qui s'amortissent représentent un ordre à moyenne portée. A grande distance cette fonction tend vers 1 ce qui montre un continuum complètement désordonné. La transformée de Fourier de $g(r)$ est le facteur de structure statique

$$S(\mathbf{q}) = 1 + \rho \int_0^\infty (g(r) - 1) \exp(\mathbf{iq.r}) \, \mathbf{dr} \qquad (\text{I.1})$$

qui se mesure expérimentalement par diffraction de rayons X ou par diffusion de neutrons, et qui permet alors de faire une comparaison directe théorie-expérience à l'échelle atomique. Ce facteur de structure représente dans l'espace réciproque les fluctuations de densités à l'échelle atomique pour un liquide simple [Hansen & McDonald, 1968]. Comme le montre la Figure I.3(b), le premier pic de diffraction (FSDP, « first sharp diffraction peak ») est représentatif de l'ordre à moyenne distance et les deux oscillations suivantes de l'ordre local.

I.2.3 Fragilité

Le plus spectaculaire dans la formation d'un verre par trempe de la phase liquide est la variation prononcée des propriétés dynamiques telle que la viscosité et le temps de relaxation, qui augmentent de près de 15 ordres de grandeur, et la diffusivité qui diminue fortement sur une plage de températures entre T_f et T_G qui n'est parfois que de quelques centaines de Kelvin. La compréhension complète de cet extraordinaire ralentissement de la dynamique qui accompagne le phénomène de surfusion et la formation des verres reste actuellement une question ouverte [Stillinger & Debenedetti, 2013], et fait l'objet d'intenses recherches [Berthier & Biroli, 2011; Kob & al., 1012].

Suivant le système étudié, la viscosité est plus ou moins sensible aux variations de température au voisinage de T_G. Par exemple, pour la silice pure, SiO_2, l'évolution de la viscosité en fonction de la température est très bien décrite par une loi d'Arrhénius.

$$\eta(T) = \eta_0 \exp\left[\frac{E}{k_B T}\right] \qquad (\text{I.2})$$

où η_0 et E sont des constantes qui ne dépendent pas de la température et k_B la constante de Boltzmann. D'autres systèmes ont une évolution de la viscosité encore plus rapide dans le surfondu en approchant T_G, avec un comportement dit super-Arrhenius. Cette évolution est le plus souvent décrite avec succès par la loi de « Vogel-Fulcher-Tammann » (VFT) [Vogel, 1921; Flucher, 1925 ; Tammann, 1926] :

$$\eta(T) = \eta_0 \exp\left[\frac{B T_0}{T - T_0}\right] \qquad (\text{I.3})$$

où η_0 et D et T_0 sont des constantes qui ne dépendent pas de la température mais qui sont spécifiques au système étudié. La constante T_0, appelée la température de Vogel, est la température inférieure à T_G pour laquelle la viscosité diverge. La Figure I.4 montre une représentation particulière, proposée par Angell [Angell, 1995], de l'évolution du logarithme en base 10 de la viscosité en fonction de l'inverse de la température normalisée par T_G. Elle a l'avantage de pouvoir superposer la viscosité de liquides ayant des échelles de variation de température jusqu'à la transition vitreuse parfois très différentes, et de pouvoir visualiser directement la pente avec laquelle la viscosité varie en approchant T_G. Angell propose alors de classer les liquides suivant cette pente sur une échelle de « fort » à « fragile ». Comme on peut le voir sur la Figure I.4, le prototype d'un système fort est la silice et le prototype d'un verre fragile est l'o-terphenyl. Les liquides forts sont caractérisés en général par des liaisons covalentes fortes et forment des réseaux aléatoires continus tandis que les liquides fragiles ont des liaisons plus faibles et non directionnelles. Comme le montre la Figure I.4 toute la panoplie de fragilités peut-être observée suivant la nature du système.

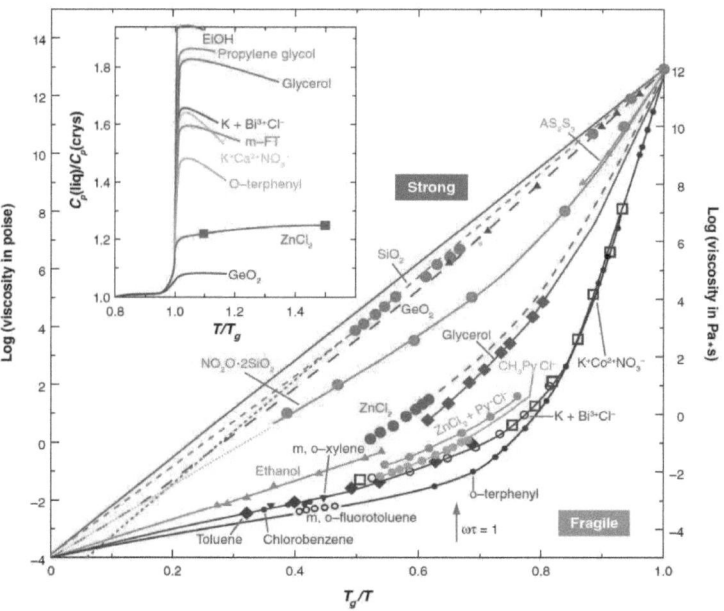

Figure I.4 : Graphique de la viscosité $\eta(T)$ en fonction de la température inverse en échelle logarithmique pour plusieurs matériaux vitreux [Angell, 1995; Lubchenko, 2007]. Quand la température diminue, la viscosité augmente de plusieurs ordres de grandeur. En particulier quand T passe de $2T_G$ à T_G la viscosité augmente de dix ordres de grandeur.

Il est possible alors de classer quantitativement la fragilité des liquides avec un index de fragilité

$$m = \frac{d \log (\eta(T))_{T_g}}{d \left(\frac{T_G}{T}\right)} \qquad (I.4)$$

qui représente simplement la pente de $\eta(T)$ en T_G. m varie de 15 à 200 de la limite forte à la limite fragile. Si la viscosité est décrite par la loi VFT, l'équation (I.3), il est possible de faire une correspondance entre l'index de fragilité et la constante B, à savoir

$$m = \frac{BT_0 T_G}{2.3(T_G - T_0)^2}. \qquad (I.5)$$

I.2.3 Comportement dynamique

Une meilleure compréhension de la fragilité et plus généralement du comportement dynamique des liquides et des verres passe par la connaissance des processus dynamiques des atomes individuels. Considérons, d'une part, le déplacement quadratique moyen $R^2(t)$ (MSD) qui donne une information sur les phénomènes diffusifs

$$R^2(t) = \frac{1}{N} \langle \sum_{k=1}^{N} [(\mathbf{r}_k(t) - \mathbf{r}_k(t=0)]^2 \rangle \qquad (I.6)$$

où $\mathbf{r}_k(t)$ représente la position de l'atome k parmi les N atomes du système et les parenthèses correspondent à une moyenne sur les origines temporelles. D'autre part, soit la fonction de diffusion intermédiaire $F(q,t)$ qui donne des informations sur les phénomènes de relaxation. Cette dernière est obtenue par la relation suivante :

$$F(\mathbf{q}, t) = \frac{1}{N} \langle \sum_{k,l=1}^{N} \exp\left[\mathbf{iq}(\mathbf{r}_k(t) - \mathbf{r}_l(t=0))\right] \rangle \qquad (I.7)$$

Ou $\mathbf{q} = 2\pi/L(n_x, n_y, n_z)$ est un vecteur de l'espace réciproque compatible avec la taille de la boite de volume $V = L^3$.

La Figure I.5(a) montre deux courbes caractéristiques de la fonction de diffusion intermédiaire $F_s(q,t)$ en fonction du temps pour une valeur donnée du vecteur d'onde q. La première correspond au comportement du liquide à haute température, généralement au-dessus du point de fusion. Aux très courts temps (<0.1 ps), $F_s(q,t)$ décroit en t^2 qui correspond à un régime balistique puis commence une décroissance exponentielle rapide $\sim exp(-t/\tau)$ vers 0 typique d'un mouvement brownien. La constante τ est le temps de relaxation structurale, ou relaxation α, qui est défini par relation $F_s(q,\tau) = 1/e$. La seconde courbe est représentative du comportement à basse température, généralement dans le régime de surfusion, avec une décroissance en deux temps. Dans un premier temps, $F_s(q,t)$ décroit quadratiquement, puis la décroissance ralentit et $F_s(q,t)$ montre un plateau caractéristique d'un effet de cage, chaque atome ressentant la présence de ses premiers voisins. La diffusion est ralentie et la relaxation est retardée. C'est un domaine temporel appelé relaxation β. Lorsqu'au gré des mouvements, les atomes arrivent enfin à quitter la cage formée par leurs premiers voisins ils diffusent puis retombe dans une autre cage etc. Une relaxation α s'opère et $F_s(q,t)$ tend vers 0. Le temps de relaxation qui en résulte est déterminé de la même manière qu'à haute température. Cette décroissance ne suit toutefois pas un comportement exponentiel mais peut être décrit de façon satisfaisante pour de nombreux systèmes par une loi Kohlraush-Williams-Watt (KWW):

$$F_s(q,t) = A exp\left[-\left(\frac{t}{\tau}\right)^\beta\right] \qquad (\text{I.8})$$

où A est une constante qui donne l'amplitude de la relaxation α, $\beta < 1$ est un exposant qui rend compte de l'étirement (« stretching ») de l'exponentielle.

La Figure I.5 (b) montre les deux courbes correspondantes du déplacement quadratique moyen en échelle log-log. Aux très courts temps, dans les deux cas, $R^2(t)$ suit un comportement quadratique (pente 2 sur les courbes) correspondant au régime balistique. A haute température, le régime balistique est immédiatement suivi par le régime diffusif, ce qui correspond à la décroissance exponentielle de $F_s(q,t)$. A basse température, $R^2(t)$ passe par un plateau avant d'entrer dans le régime diffusif. Ce plateau dans $R^2(t)$ illustre bien l'effet de cage, où les atomes sont freinés dans leur mouvement et restent localisés. Il se produit sur des plages de temps identiques au plateau de $F_s(q,t)$, et correspond donc bien au même phénomène.

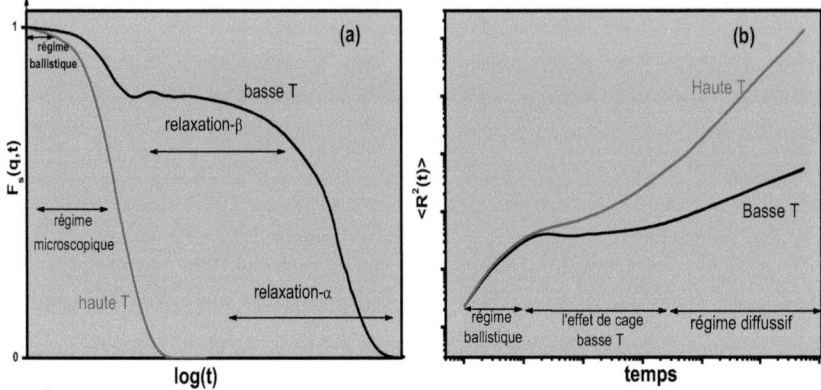

Figure I.5: *(a) Fonction de diffusion intermédiaire $F_s(q,t)$ en fonction du temps à haute et basse température et (b) Déplacement quadratique moyen $<R^2(t)>$ en fonction du temps.*

I.2.4 Approche cinétique : théorie des couplages de modes

Une approche qui rend compte du ralentissement de la dynamique des verres est la théorie du couplage des modes (MCT, « mode coupling theory ») [Götze, 1992; Das, 2004]. La MCT est fondée sur une description temporelle des fluctuations de densités à l'échelle atomique selon l'approche de Mori-Zwanzig [Mori, 1965; Zwanzig, 2001] et permet de générer explicitement la fonction de diffusion intermédiaire $F_s(q,t)$. L'un des succès de la théorie est de pouvoir rendre compte des phénomènes de relaxation dans le liquide et le surfondu tel que nous les avons décrits ci-dessus. L'extraordinaire ralentissement de la dynamique s'explique dans ce cadre par un mécanisme de « feedback » non-linéaire dans lequel les pics du facteur de structure qui représentent les fluctuations de densité pour un liquide simple, deviennent plus marqués quand la température diminue et donnent lieu à une augmentation très prononcée et non exponentielle de la relaxation, bien reproduite par la loi KWW.

La MCT prédit d'une part que la fonction $F_s(q,t)$ suit un principe de superposition temps-température (TTSP) dans une échelle de temps exprimée en unité du temps de relaxation. Dans cette échelle de temps réduite, les fonctions $F_s(q,t)$ se superposent dans un domaine temporel correspondant à la relaxation β et α, pour toutes les températures dans le liquide et le surfondu jusqu'à une température dite critique, T_C. La MCT permet donc de rendre compte de l'apparition du plateau dans la fonction $F_s(q,t)$ et de décrire le phénomène de

« stretching » avec un exposant β unique indépendant de la température. D'autre part, la MCT prédit l'existence d'une température critique, T_C. A des températures supérieures à T_C le temps de relaxation, la diffusion ou la viscosité, suit une loi puissance de la forme.

$$\tau(T) = \tau_0 (T - T_c)^{-\gamma} \tag{I.8}$$

où γ représente un exposant critique. En-dessous de la température critique, la MCT ne permet plus de rendre compte de l'évolution du temps de relaxation. En général, la température critique est plus élevée que la température de transition vitreuse et marque un changement dans le comportement dynamique du système à l'échelle atomique, à savoir le passage d'un mécanisme de diffusion d'un liquide normal à un mécanisme dans lequel la diffusion s'effectue par des processus d'activation, c'est-à-dire en franchissant des barrières d'activation par sauts (voir section I.2.5). Dans ce dernier régime, la fonction $F_s(q,t)$ ne suit plus le principe de superposition temps-température prônée par la MCT.

I.2.4 Approche thermodynamique : théorie d'Adam-Gibbs

Une théorie alternative proposée par Adam et Gibbs [Adam & Gibbs, 1965] est fondée sur une approche thermodynamique, contrairement à l'approche purement cinétique de la MCT. Dans cette approche, le ralentissement du système à l'approche de T_G provient de la diminution du nombre de configurations que le système est capable d'explorer dû à la présence de barrières d'activation de plus en plus élevées. L'entropie de configuration S_C du liquide en référence à l'état solide est représentative de ce nombre de configurations que le système explore à une température donnée. Ainsi Adam et Gibbs en ont déduit une relation qui exprime le temps de relaxation en fonction de la température de transition vitreuse par

$$\tau(T) = \tau_0 \left[\frac{D}{TS_C}\right] \tag{I.9}$$

où τ_0 et D sont des constantes. Elle a été déduite avec l'hypothèse que la relaxation du système s'opère par des mouvements d'atomes collectifs dans des régions localisées : les régions de réarrangements coopératifs (CRR), sans toutefois en préciser la taille. L'expérience montre pour de nombreux systèmes que l'entropie de configuration diminue de telle manière en surfusion, qu'en extrapolant à plus basse température, elle s'annule à une température non nulle, T_K Figure I.6. Ceci suppose que l'entropie du liquide à T_K est égale à celle du solide, ce qui est impossible et donne lieu au paradoxe de Kauzmann [Kauzmann & Walter, 1948]. Ce paradoxe peut être levé par le fait que le système se fige et subit donc la transition vitreuse avant d'atteindre T_K. Cette température est alors appelée la température de transition vitreuse idéale, qui est plus basse que celle observée : T_G.

Les deux points de vue théoriques abordés dans la section précédente et ici sont fondamentalement différents : l'un cinétique, où la transition vitreuse est le résultat de contraintes purement dynamiques et d'une perte d'ergodicité. Le second est thermodynamique, avec l'existence d'une transition vitreuse idéale qui résulte d'une perte rapide d'entropie. Pouvoir rapprocher, voire unifier ces deux approches reste une question ouverte et l'un des défis importants dans ce domaine de la matière condensée.

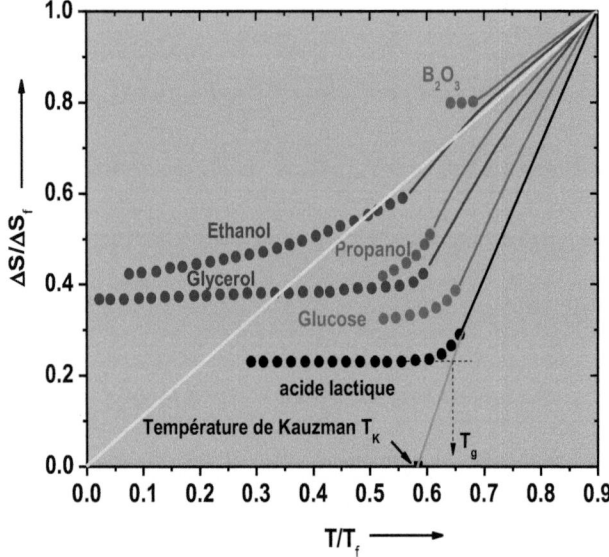

Figure I.6 : Présentation schématique de l'entropie en fonction de la température. ΔS_f est l'entropie à la température de fusion T_f. La transition vitreuse se produit toujours avant l'annulation de l'entropie [Debenedetti, 2001].

I.2.6 La surface d'énergie potentielle

Une approche pour examiner et interpréter les phénomènes qui ont lieu lors du refroidissement rapide d'un liquide vers la transition vitreuse est fondée sur le concept de la surface d'énergie potentielle (PEL, « potential energy landscape ») développée par Stillinger [Stillinger & Weber, 1985; Stillinger, 1995]. Elle pourrait constituer une voie d'unification des approches cinétique et thermodynamique [Shi & al., 2013]. Les nombreux domaines d'application ainsi que les différentes méthodologies d'exploration de la PEL peuvent être trouvés dans l'excellent ouvrage de Wales [Wales, 2003].

Formellement, la PEL est représentée par la fonctionnelle de l'énergie potentielle à N corps, $U(\mathbf{r}_1, \mathbf{r}_2, ..., \mathbf{r}_N)$, construite à partir des potentiels d'interaction interatomique (cf. chapitre II). En général, les $\mathbf{r}_i$, pour $i=1,..., N$ représentent les positions de chacun des N atomes, mais peuvent également contenir d'autres degrés de libertés comme la rotation ou la vibration. Comme chaque atome subit une force de la part de ses nombreux voisins, il est important de prendre en compte la surface d'énergie dans son ensemble qui, par exemple, est $(3N+1)$-dimensionnelle si seuls les degrés de libertés de positions sont pris en compte. Une représentation schématique typique de la PEL est donnée dans la Figure I.7(a), qui montre les minima locaux et les bassins entre les états de transition (points selle), les méta-bassins, les états cristallins qui correspondent aux minima les plus profonds et les états amorphes. Elle fut proposée initialement par Goldstein [Goldstein, 1994] et repose sur les idées suivantes. Lorsque le système se trouve dans l'état amorphe, les atomes ont une configuration proche d'un minimum local. Il existe des échelles de temps caractéristiques bien distinctes entre les vibrations atomiques dans un minimum local et les transitions entre minima locaux. Quand on chauffe un verre, les transitions entre bassins peuvent s'opérer, on parle alors de dynamique activée et les positions atomiques se réarrangent en premier lieu dans des régions localisées. Si l'énergie apportée par la chauffe est suffisamment élevée pour surmonter toutes les barrières, alors la dynamique n'est plus influencée par la PEL.

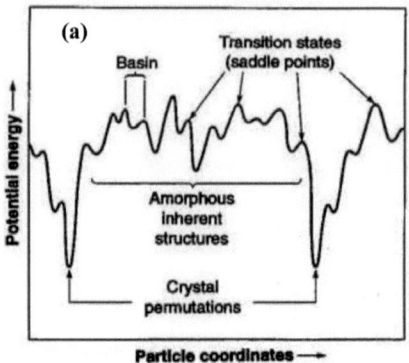

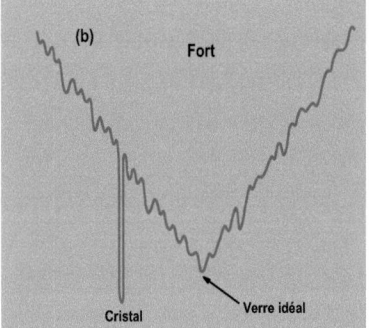
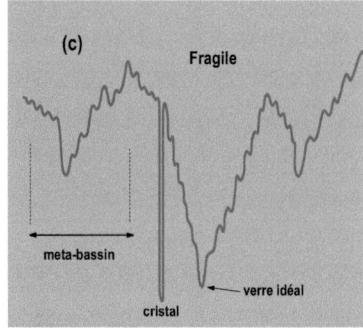

Figure I.7: (a) Représentation schématique de la surface d'énergie potentielle (PEL), (b) pour un système fort et (c) pour un système fragile [Debenedetti, 2001].

La PEL permet alors de donner une typographie des systèmes qui bien entendu dépend de la nature des interactions en jeu. En particulier, les Figure I.7(b) et (c) montrent les typographies typiques d'un liquide fort et d'un liquide fragile. Dans le premier cas, l'énergie d'activation pour la viscosité est indépendante de la température, ce qui indique que les mécanismes de diffusion sont identiques depuis la phase liquide jusqu'à la transitions vitreuse. C'est par exemple le cas pour la silice qui est le prototype d'un verre fort avec très probablement une rupture de la liaison Si-O comme mécanisme principal de diffusion [Horbach & Kob, 2001]. Dans ce cas, la PEL est composé essentiellement d'un méta-bassin hormis les minima locaux profonds et étroits des différentes structures cristallines. Pour les verres fragiles, la situation est très différente. Le comportement super-Arrhenius implique que l'énergie d'activation varie d'un facteur 10 ou même 20 entre la phase liquide et le voisinage de la transition vitreuse. Il en résulte que la PEL est plus hétérogène avec la présence de nombreux méta-bassins. Le fait que l'énergie d'activation soit très élevée près de la transition vitreuse peut être une indication que la diffusion et la relaxation s'effectuent par réarrangement de nombreux atomes ou molécules simultanément, ce qui s'apparente aux régions de réarrangements coopératifs de la théorie d'Adam-Gibbs.

Les propriétés les plus intéressantes de la PEL sont donc les minima locaux, ainsi que la nature des barrières d'énergie (points selle) séparant les minima voisins. Le nombre de minima dans un système croît exponentiellement avec le nombre N d'atomes. Chaque minimum correspond à une configuration appelée structure inhérente (IS) et son énergie, l'énergie de structure inhérente (ISE). L'exploration complète de la PEL est une gageure en soi car cela revient à dénombrer les configurations accessibles du système. Néanmoins, il est possible de formuler une physique statistique sur la base du dénombrement des minima de la PEL [Wales, 2003].

Ce qui nous intéresse dans le cadre de ce travail est d'examiner par simulation la façon dont le système explore la surface d'énergie potentielle en fonction de la température. Cette information nous permettra d'analyser le comportement dynamique du système étudié en fonction de la température [Sastry & al., 1998]. La Figure I.8 montre de façon schématique l'évolution de l'énergie de structure inhérente obtenue par dynamique moléculaire (cf. Chapitre II). A chaque température, la trajectoire de phase produite par simulation est échantillonnée pour retenir un nombre suffisant des configurations instantanées indépendantes. La structure inhérente associée à chacune d'elle sera minimisée par une méthode de descente, telle que la méthode du gradient conjugué, pour la ramener à son minimum local d'énergie. L'énergie de structure inhérente à la température T sera obtenue par une moyenne sur toutes les configurations.

A haute température, l'ISE montre un comportement pratiquement linéaire avec une pente faible qui correspond au régime diffusif d'un liquide normal. Dans ce cas, le système peut explorer sans difficulté les nombreux minima locaux de la PEL. A mesure que la température diminue, des bassins plus profonds sont progressivement ressentis par le système. L'ISE diminue plus rapidement et le système entre dans un domaine de température appelé « régime influencé par la PEL ». Finalement, à basse température, l'ISE devient à nouveau presque constante et le système passe dans un « régime dominé par la PEL ». On pourra considérer que le système a trouvé un minimum de façon définitive et qu'il a subi la transition vitreuse. Nous définirons dans la suite de ce travail la température de transition vitreuse T_G

comme étant le croisement entre le comportement à basse température dominé par la PEL et celui du régime influencé. La Figure I.8 montre que la valeur de l'ISE à basse température va dépendre de la façon dont le refroidissement va être effectué et donc de la vitesse de trempe lors de la simulation.

Il faut noter que la valeur de T_G définie de cette manière dépendra donc de la vitesse de trempe, et on trouvera des valeurs plus grandes si le refroidissement est plus rapide. Les vitesses de trempe obtenues par simulation sont toujours bien plus élevées (6 à 15 ordre de grandeur) que l'expérience. Ainsi, les valeurs trouvées par simulation surestiment systématiquement les valeurs expérimentales.

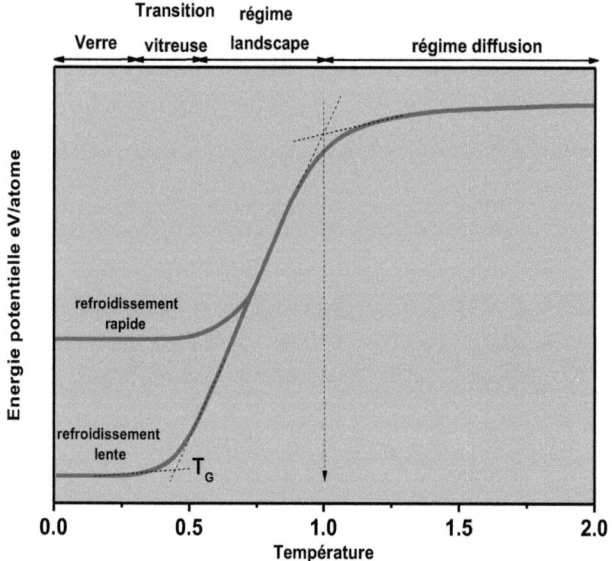

Figure I.8: *Energie de structure inhérente par atome en fonction de la température du liquide générée par minimisation de l'énergie.*

I.2.7 Hétérogénéité dynamique

Un certain nombre de travaux tant expérimentaux [Ediger, 2000; Weeks, 2000] que théoriques [Yamamoto, 1998; Donati, 1999; Parisi, 1999] indiquent que les liquides surfondus, en général près de la transition vitreuse, ont un comportement hétérogène dans le sens où la mobilité des atomes du système peut être significativement différente d'une région à l'autre, supportant un concept dit d'hétérogénéité dynamique (DH, « dynamic heterogeneity) [Ediger, 2000 ; Berthier & Kob, 2012; Andersen, 2005]. Ce phénomène n'est pas le fait des atomes isolés ou formants des petits groupes tels les mouvements formant des chaines d'atomes qui ont été révélés par ailleurs par simulation, mais des régions d'une taille de l'ordre du nanomètre [Lad & al., 2012].

L'hétérogénéité dynamique a été évoquée comme l'une des raisons de la violation de la relation de Stokes Einstein (SE) [Shi & Stilinger, 2013]. Cette dernière fournit une relation entre la diffusion D et la viscosité η par

$$D = \frac{k_B T}{2\pi R \eta} \qquad \text{(I.11)}$$

où k_B est la constant de Boltzmann et R le diamètre des particules qui diffusent. A l'origine, cette relation a été établie pour traiter la diffusion de particules de taille macroscopique dans un fluide visqueux traité comme un continuum. Cependant, il s'avère qu'elle est applicable à un grand nombre de systèmes atomiques et moléculaires au-dessus du point de fusion, si D représente le coefficient diffusion atomique [Zöllmer & al., 2003; Meyer, 2002; Read & al., 2002; Comminges & al., 2006; Dobson & al., 2001; Snijder & al., 1993 ; Swallen & al., 2003]. L'équation (I.11) est souvent utilisée expérimentalement pour déterminer la diffusion à partir des mesures de viscosité ou l'inverse. La détermination simultanée de D et de η permet de tester la relation (I.11) et sa violation peut-être une première indication du changement du mode de diffusion ou d'une hétérogénéité dynamique sous-jacente [Kob & Binder, 2005].

Bien entendu, la violation de la relation SE n'est pas suffisante pour affirmer la présence d'hétérogénéités dynamiques. Elle est habituellement quantifiée au moyen du paramètre non-gaussien [Rahman, 1964].

$$\alpha_2(t) = \frac{3\langle r^4(t) \rangle}{5\langle r^2(t) \rangle^2} - 1 \qquad \text{(I.12)}$$

qui met en jeu le rapport du déplacement quadratique moyen et déplacement quadruple moyen $R^2(t)$ donnée par l'équation (I.6) et $R^4(t)$ qui s'écrit :

$$R^4(t) = \frac{1}{N} \langle \sum_{k=1}^{N} [(\mathbf{r_k}(t) - \mathbf{r_k}(t=0)]^4 \rangle \quad \text{(I.13)}$$

Toute DH est détectée par une valeur de $\alpha_2(t)$ plus grande que 0,2 Figure I.9. Aux très courts temps, inférieurs à la picoseconde qui correspondent plutôt aux mouvements vibratoires, la fonction $\alpha_2(t)$ prend des valeurs de l'ordre de 0,2. Cette DH est caractéristique de l'anisotropie des mouvements vibratoires des atomes dans leur cage. Aux temps plus long, lorsque le système entre dans le régime diffusif, deux comportements de $\alpha_2(t)$ peuvent être observés. Soit $\alpha_2(t)$ s'amortit rapidement vers 0 à nouveau et dans ce cas le régime diffusif s'opère de façon homogène, avec une mobilité identique pour tous les atomes, soit $\alpha_2(t)$ croît au-delà de 0,2 et la diffusion est hétérogène. En général le premier cas correspond aux hautes températures alors que le second est caractéristique des états surfondus à plus basse température lorsqu'une hétérogénéité dynamique se produit.

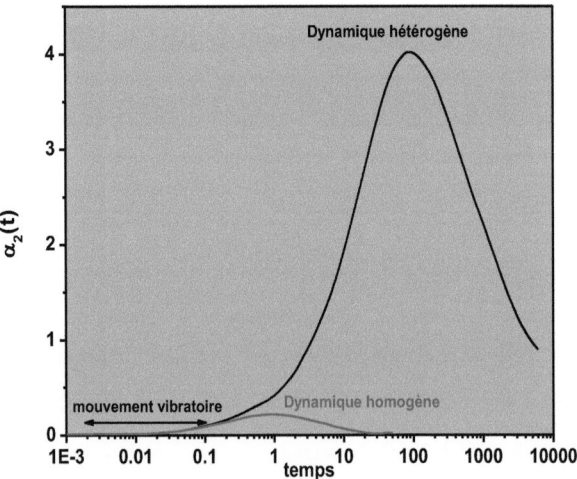

Figure I.9 : *Représentation schématique de $\alpha_2(t)$ en fonction du temps caractéristique de la dynamique homogène à haute température et hétérogène à basse température proche de T_G.*

Une approche intéressante pour caractériser une hétérogénéité dynamique a été proposée sur la base de simulations de dynamique moléculaire dites iso-configuration [Widmer-Cooper & al., 2004]. Dans cette méthode, un nombre statistiquement suffisant de simulations indépendantes est lancé à partir d'une configuration unique mais avec des distributions de vitesse différentes. Cela permet examiner quelles sont les différentes possibilités de mouvement de chaque atome à partir d'un état initial. Une moyenne des déplacements est déterminée pour chaque atome sur l'ensemble des simulations effectuées et représente donc la capacité que possède chaque atome à être mobile.

Notons finalement que l'identification et l'analyse des caractéristiques des régions de mobilités différentes à l'origine des DH fait l'objet de recherches très récentes [Berthier & Biroli, 2011] sur la base d'un formalisme de fonctions de corrélation dynamiques à quatre points. Nous n'aborderons pas cet aspect dans ce travail de thèse.

I-3 Aluminosilicates de calcium

I.3.1 Aspects généraux sur les verres CAS

Comme nous l'avons précisé en introduction, les aluminosilicates de calcium représentent un système ternaire chaux/alumine/silice (CaO-Al_2O_3-SiO_2, noté CAS dans la suite) qui est d'un grand intérêt dans de nombreux domaines et qui n'est que partiellement compris. Le diagramme de phase expérimental qui donne les températures de fusion T_f est représenté sur la Figure I.10(b). Les compositions étudiées dans le cadre de ce travail sont données sur la Figure I.10(a).

Le Tableau I.1 montre les valeurs températures de fusion et les températures de transition vitreuse T_G expérimentales pour toutes les compositions mentionnées sur la Figure I.10(a). Nous pouvons constater que la règle empirique $T_G = 2\,T_f/3$ fonctionne relativement bien en première approximation sur l'ensemble des compositions. Un examen plus détaillé montre des variations non linéaires de la température transition vitreuse T_G selon les trois joints, comme on peut le voir sur la Figure I.11 qui rassemble les mesures expérimentales très récentes obtenues par Calorimétrie Différentielle à Balayage (CDB) [Cormier et al., 2005]. Il s'avère que le joint $R = 1$ possède un minimum de T_G aux alentours de 30 à 40% de silice. Un comportement différent est observé pour les deux autres joints $R=1,57$ et 3, pour lesquels la valeur de T_G présente tout d'abord un maximum à 10 et 20 % de silice puis un minimum aux alentours de 50% et 60%, respectivement. Des mesures plus anciennes [Highby, 1990] pour les joints 1,34, 1,5 et 2, montrent également un maximum dans le domaine 10 à 20 %. Ces évolutions sont encore mal comprises et plusieurs modèles structuraux à l'échelle atomique notamment en terme de polymérisation du réseau tétraédrique de l'alumine ou de la silice, respectivement aux faibles et aux fortes concentrations de silice, ont été proposés pour les expliquer [Cormier et *al.*, 2005]. Cependant une vision globale n'a pas encore vu le jour.

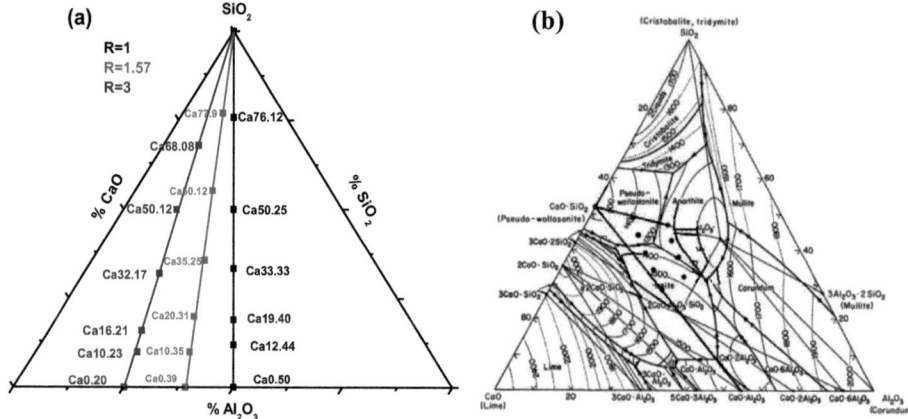

Figure I.110 : Diagramme de phase expérimental (a), température de fusion T_f (b) pour les aluminosilicates de calcium.

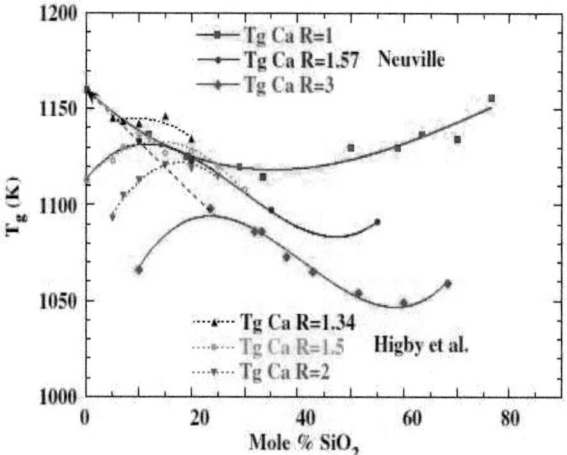

Figure I.11: Température de transition vitreuse expérimentale T_G des verres CAS [Cormier & al., 2005].

Les mesures de viscosité effectuées sur des CAS pour différentes compositions selon les trois joints sont montrées sur la Figure I.12 [Kozaily, 2012 ; Taoplis, 2004 ; Solvang, 2004] dans une représentation de type Arrhenius. Il apparait que, plus la concentration en silice est élevée, plus le comportement de la viscosité se rapproche d'un comportement Arrhenius et donc que le système devient moins fragile. Ceci montre qui y a un lien direct entre la concentration en silice et la fragilité. La silice étant le prototype d'un verre fort, ce premier élément d'analyse semble naturel. Cependant les mécanismes à l'échelle atomique qui régissent la diffusion et l'écoulement des CAS fondus ne sont pas complètement compris. Un certain nombre de travaux [Neuville & al., 2008 ; Stebbins & al., 1995; Farnan & Stebbins, 1994; Stebbins & al., 2000] indiquent que la coordination en oxygène autour de l'aluminium, la présence d'oxygènes non-pontants et la concentration en Ca agissant comme modificateur de réseaux sont des facteurs importants dans ces mécanismes.

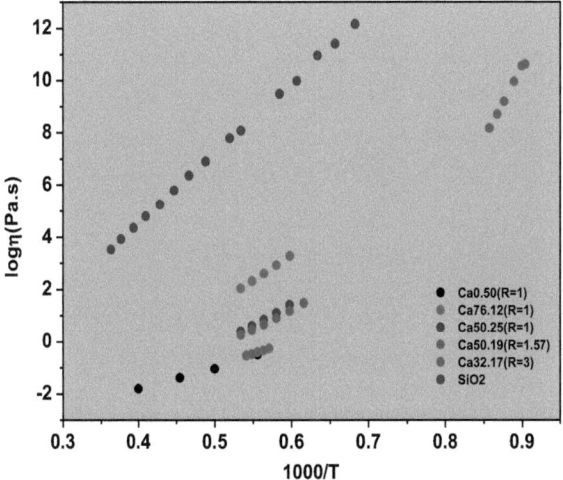

Figure I.12: *Viscosité expérimentale en fonction de l'inverse de la température pour les compositions Ca0.50 [Kozaily, 2012], Ca76.12, Ca50.25, Ca50.19 [Taoplis, 2004], Ca32.17 [Solvang, 2004] et SiO₂ [Angell, 1995].*

Par ailleurs, l'effet de l'ajout de silice en petite quantité a un intérêt technologique important. En effet, les verres d'aluminate de calcium, CaO-Al_2O_3 (CA), sont connus pour avoir des propriétés optiques exceptionnelles qui s'apparentent à celles du saphir [Sung & Know, 1999]. Cependant, ils sont connus pour être très fragiles et forment des verres par refroidissement rapide uniquement pour des compositions autour de 60 à 70 % de CaO et dévitrifient très rapidement. Même si l'ajout de silice amoindrit légèrement ces propriétés optiques, il permet de rendre ces verres moins fragiles et d'élargir considérablement le domaine de compositions pour lesquelles on peut fabriquer des verres par trempe conventionnelle [Shebly, 1985; Hihgby, 1990 ; Dutt & al, 1992]. Ainsi une meilleure connaissance des propriétés structurales et dynamiques à l'échelle atomique représente un grand intérêt scientifique, non seulement fondamental mais aussi appliqué.

I.3.2 Caractéristiques structurales des verres CAS

I.3.2.1 Ordre à courte portée

Il est bien connu que la silice et l'alumine forment tous deux un réseau tétraédrique [Taylor & Brown, 1979; Navrotsky, 1985; Wu & al., 1999]. Ainsi l'image représentative des verres CAS est celle d'une interpénétration des deux réseaux tétraédriques d'alumine et de silice, avec des liaisons Si-O et Al-O fortes, où les atomes de calcium sont distribués de façon aléatoire comme le montre la Figure I.13 et jouent en premier lieu le rôle de compensation de charge. Le silicium et l'aluminium sont alors appelés des formateurs de réseau.

Le réseau tétraédrique est formé essentiellement par des tétraèdres SiO_4 et AlO_4 connectés par un oxygène commun appelé oxygène pontant (BO) et formant une liaison Si-O-Si, Al-O-Al ou Al-O-Si. Avec l'introduction de Ca dans le réseau, il peut y avoir compétition entre la liaison Al-O ou Si-O et la liaison Ca-O, créant des oxygènes non pontant (NBO) dans le réseau en rompant des liaisons Al-O ou Si-O. Ainsi le calcium joue également un rôle de modificateur de réseau. La présence de NBO change donc la structure des CAS ce qui a un impact sur les propriétés comme la viscosité [Neuville & al., 2008] et que l'on confirmera dans les chapitres III et IV.

Chapitre I : Les verres d'Aluminosilicates de Calcium

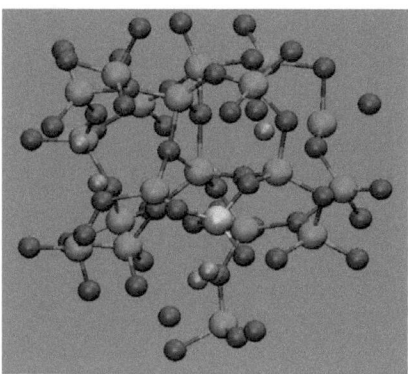

Figure I.13 : *Structure atomique d'un verre d'aluminosilicate de calcium. Cette image a été obtenue à partir d'une structure de verre CAS visualisée par VMD[1], les atomes rouges sont (O), verts (Al), bleus (Ca) et jaunes (Si).*

Sur la base d'un argument purement stœchiométrique [Benazeth & *al.*, *1982*], si le nombre d'atomes de calcium présents dans la structure compense parfaitement les charges des entités AlO_4^-, à savoir un Ca pour deux AlO_4^- (ce qui est le cas pour le joint $R = 1$), alors les ions Ca^{+2} ne devraient jouer qu'un rôle compensateur. En conséquence, il ne devrait pas y' a voir d'oxygènes non pontant. Selon ce critère, ce sont uniquement les ions Ca^{+2} en excès par rapport à la stœchiométrie qui devraient jouer le rôle de modificateur de réseau. Cependant, Stebbins *et al.* ont montré [Stebbins & *al.*, 1999; Stebbins & Xu, 1997] par des expériences Raman que même dans le cas où il y a une compensation parfaite de charge dans le système, des NBO sont présentés. Ceci a également été confirmé par des simulations de dynamique moléculaire *ab initio* [Benoit & *al.*, 2001; Ganster & *al.*, 2004, Jakse & *al.*, 2012]. De plus Stebbins et Xu [Stebbins & Xu, 1997] ont montré que l'oxygène dans les verres CAS peut être lié avec trois atomes formateurs de réseaux sous les formes suivantes appelées « triclusters » : O-3Al, O-2AlSi, O-Al2Si ou O-3Si. Ceci leur permit de proposer le mécanisme suivant : la production de NBO provient de la transformation de deux BO en interaction avec les ions Ca^{+2} et cela conduit à la formation des triclusters Figure I.14. Un second mécanisme a lieu à savoir une réaction de consommation des NBO qui produisent des entités aluminium penta-coordonnées : AlO_5 [Stebbins et *al.*, 1999]. Ces mécanismes ont été établis sur la base de

---

[1] *Visual Molecular Dynamics*

compositions riches en silice Ca76.12, Ca50.25. Comme nous allons le voir dans le chapitre III plus en détail, nos simulations montrent la présence d'entités AlO$_5$. Cependant, les mécanismes proposés par Stebbins *et al* [Stebbins & *al.*, 1999] ne sont que partiellement réalisées pour les CAS à faible teneur en silice [Jakse & *al.*, 2012].

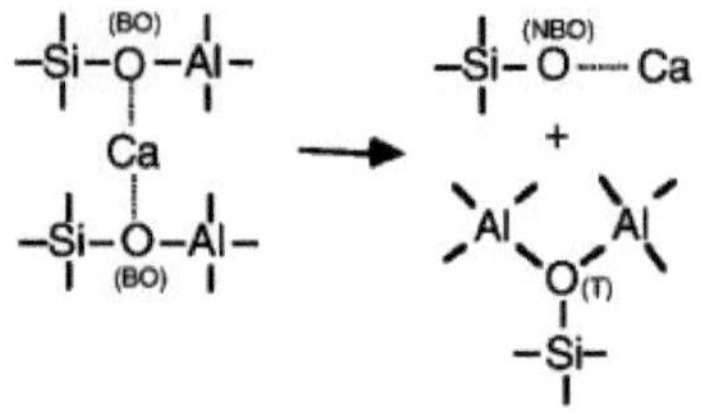

Figure I.14: *Représentation schématique d'une transformation d'un oxygène pontant (BO) en oxygène non pontant (NBO) et un oxygène tricoordonné (TBO) [Stebbins & Xu, 1997].*

Dans ce travail, cet ordre à courte portée qui vient d'être décrit provient de la structure des atomes dans la sphère des premiers voisins, ou sphère de première coordination (typiquement dans un rayon de 2 à 3 Å), et sera caractérisé par les paramètres suivants :

- La distance notée r_{ij} entre les atomes i et j, plus proches voisins déterminées par la position du premier pic des fonctions de corrélation de paires partielles (Figure I.3).
- Le nombre de plus proches voisins de types spécifiques autour d'un atome i (les nombres de coordination partiels), qui sont comptés dans la sphère de première coordination qui correspond au premier minimum des fonctions de corrélation de paires partielles.
- Les dénombrements des oxygènes non pontant, des oxygènes pontant, des triclusters et des entités AlO$_5$.

Par ailleurs une information angulaire sera également utile pour caractériser cet ordre à courte portée. Elle est fournie par les distributions angulaires $g(\Theta_{ijk})$ avec Θ_{ijk} l'angle entre les liaisons i-j et i-k dans la sphère de première coordination. Les Figures I.15(a), (b), (c) et (d) montrent les quatre distributions angulaires caractéristiques d'intérêt autour des quatre types d'atomes dans les CAS. Les distributions angulaires O-Si-O et O-Al-O possèdent un pic principal centré sur un angle proche de l'angle tétraédrique de 109° [Ganster & *al.*, 2004]. La présence d'un pic secondaire dans la distribution O-Al-O peut exister aux environs de 160° et est révélateur de la présence d'entités AlO$_5$. Les distributions typiques O-Ca-O possèdent deux maxima, le premier situé à environ 65° et le second environ 120°. Les distributions angulaires autour de l'oxygène pour les formateurs du réseau dans les CAS, Al-O-Al et Si-O-Si et Al-O-Si ont un pic principal situé entre 120° et 130°. La présence d'un pic secondaire aux alentours de 90° est révélateur de la présence de triclusters.

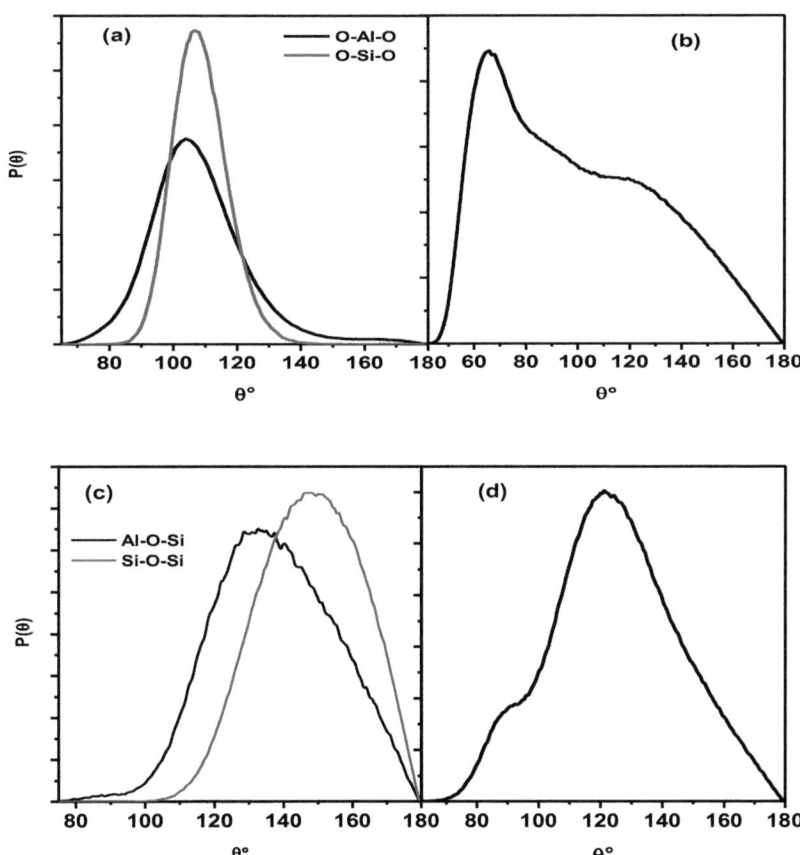

Figure I.15: *Distributions angulaires de type O-Al-O, O-Si-O (a) et O-Ca-O (b), Al-O-Si, Si-O-Si (c) et Al-O-Al (d).*

I.3.2.3 Ordre à moyenne portée

Contrairement à l'ordre à courte portée, l'ordre à moyenne portée est toujours plus difficile à étudier dans les verres en raison du désordre structural des verres. Il est caractéristique d'inhomogénéités au-delà de la première sphère de coordination et jusqu'à une distance de quelques nanomètres. Il peut être révélé expérimentalement par l'existence d'un premier pic de diffraction aux petits vecteurs d'onde entre $1\ Å^{-1}$ et $2\ Å^{-1}$ ce qui correspond à des distances caractéristiques dans l'espace réel de 7 Å et 3 Å, respectivement. Ce dernier est nettement visible sur la Figure I.16 montrant les facteurs de structure des verres CAS mesurés récemment par diffraction de neutrons [Kozaily, 2012] à température ambiante pour cinq compositions sur le joint $R = 1$. Cependant, la nature de cet ordre à moyenne portée reste une question ouverte. Pour des compositions de CAS spécifiques [Himmel & al., 1991] CaO-Al_2O_3-$2SiO_2$ et CaO-Al_2O_3-$4SiO_2$, les inhomogénéités seraient constituées d'anneaux de tétraèdres AlO_4^- et SiO_4^- de tailles variables (4 à 6 unités tétraédriques (voir chapitre II pour leur définition) avec une prépondérance de la taille 4. La Figure I.16 montre clairement un renforcement du FSDP avec l'augmentation de la concentration en silice, une particularité qui reste à interpréter, ce qui sera abordé dans le chapitre III au moyen d'une statistique d'anneaux.

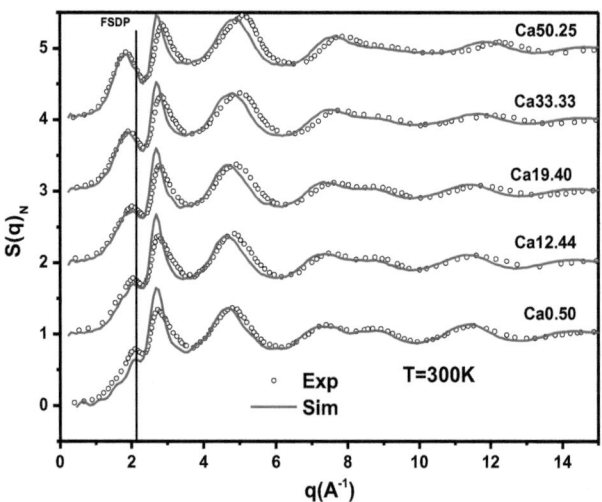

Figure I.16: Facteur de structure des neutrons pour les verres CAS sur le joint R=1. La droite verticale montre la position du FSDP de Ca0.50.

$R=1$	T_f	T_G	$R = 1,57$	T_f	T_G	$R = 3$	T_f	T_G
Ca0.50	1878	1160	Ca0.39	1783	1113	Ca0.20	2173	-
Ca12.44	1893	1136	Ca10.35	1773	1133	Ca10.23	2073	1066
Ca19.40	1863	1125	Ca20.31	1803	1122	Ca16.21	1983	1086
Ca33.33	1823	1120	Ca35.27	1773	1097	Ca32.17	1773	1086
Ca50.25	1853	1130	Ca55.18	1823	1091	Ca50.12	1613	1053
Ca76.12	1863	1156	Ca77.9	1773	-	Ca68.08	1673	1058
SiO_2	1873	1450	SiO_2	1873	1450	SiO_2	1873	1450

Tableau I.1 : *la température expérimentale de transition vitreuse T_G [Cormier & al., 2005] et de fusion T_f [Ehlers, 1972 ; Freemann, 1972; Gentile & Foster, 1963 ; Osborn & Muan, 1960] pour chaque composition et les trois joint.*

Chapitre II

Méthodes de simulation : la dynamique moléculaire

II.1-Introduction

Les premières simulations ont été réalisées au début des années 1940 par Holmberg sur un ordinateur à lampes [Holemberg, 1940]. La révolution technologique et informatique a permis de multiplier la puissance des ordinateurs par 10^{15} depuis la naissance du premier ordinateur en 1938 et le nombre d'opérations par seconde qu'est capable de réaliser un ordinateur a été multiplié par 1000 tous les 15 ans. Par ailleurs, il faut noter que les algorithmes de calcul sur ordinateur se sont sans cesse adaptés à cette évolution informatique spectaculaire.

En matière condensée, les méthodes de simulation numérique sont très variées et permettent d'étudier les systèmes depuis le niveau microscopique jusqu'au niveau macroscopique. A l'échelle microscopique, la théorie de la fonctionnelle de la densité (DFT) permet de calculer les propriétés des matériaux *ab initio* à partir d'une description précise de la structure électronique [Hafner, 2008]. Cette description peut être transférée de façon plus ou moins approximative à l'échelle atomique, pour mettre en œuvre des méthodes de type dynamique moléculaire (DM) ou Monte-Carlo (MC). Aux échelles intermédiaires entre le microscopique et le macroscopique, dites mésoscopiques, la méthode de Monte-Carlo cinétique (KMC) [Metropolis & al., 1953] permet étudier les phénomènes de l'ordre du micron et de la milliseconde, comme la croissance par exemple, et finalement, les méthodes basées sur les éléments finis permettent de traiter les phénomènes à l'échelle macroscopique.

Dans ce deuxième chapitre, nous exposerons la méthode de dynamique moléculaire qui sera utilisée tout au long de ce travail de thèse. Elle permet de modéliser un système de N atomes en interaction et de suivre l'évolution temporelle de leur position et de leur vitesse à partir des équations classiques du mouvement. Le point central de cette méthode réside alors dans le calcul des forces. Elles peuvent être calculées de façon « exacte » dans le cadre de la DFT ou alors de façon empirique au moyen d'une fonctionnelle paramétrée décrivant l'énergie potentielle d'interaction. Dans le premier cas, on parlera de dynamique moléculaire *ab initio* (AIMD), les résultats obtenus étant très précis, ils peuvent servir de référence. Cependant, cette approche reste très coûteuse en temps de calcul et malgré la puissance des ordinateurs et des supercalculateurs actuels elle ne permet pas de traiter des systèmes de plus de quelques centaines d'atomes sur environ une centaine de picoseconde. Dans le second cas, on parlera de dynamique moléculaire classique (DM), le calcul des forces étant plus rapide, il est possible de traiter des systèmes de plusieurs centaines de millions d'atomes et des temps allant jusqu'à la centaine de nanoseconde si besoin.

Ce chapitre II représente la partie la plus technique de la thèse. Tout d'abord, nous exposerons le détail des fondements algorithmiques de la méthode de dynamique moléculaire classique ainsi que les étapes de déroulement d'une expérience numérique typique de DM. La deuxième partie sera consacrée à la présentation du potentiel empirique Born-Mayer-Huggins (BMH) [Huggins & Mayer, 1933; Soules, 1982] qui est bien adapté à la modélisation des CAS et du choix de son paramétrage. La troisième partie, enfin, donnera les algorithmes utilisés pour déterminer les propriétés thermodynamiques, structurales et dynamiques.

II.2- Méthode de dynamique moléculaire

II.2.1 Principes généraux

Il existe dans la littérature de nombreux ouvrages et articles de revue traitant de la dynamique moléculaire de façon détaillée (voir par exemple [Allen & Tildesley, 1989; Frenkel & Smit, 2001; Haile, 1992; Heermann, 1990; Hoheisel & Vogelsang, 1988]). Le but de cette partie est de dégager les éléments essentiels à la compréhension de la méthode. Soit une boîte de simulation qui contient N atomes i de masse m_i. En mécanique classique, ce système possède 6N de degrés de liberté, 3N relatifs aux positions et 3N relatifs aux impulsions. Le système évolue donc dans un espace à 6N dimensions appelé espace des phases et décrit une trajectoire au cours du temps appelée trajectoire de phase. En chaque point de cette trajectoire, toute propriété physique A prend une valeur instantanée A(t). Lorsque le système est à l'équilibre thermodynamique, A devient stationnaire et sa valeur moyenne peut-être déterminée dans un intervalle de temps de t_0 à t à partir d'un instant initial t_0 par :

$$\langle A \rangle = \lim_{t \to \infty} \frac{1}{t} \int_{t_0}^{t_0+t} A(\tau) d\tau. \tag{II.1}$$

à condition que le temps t soit suffisamment long pour que la moyenne ait un sens. La détermination des propriétés physiques demande la connaissance d'une portion suffisante de la trajectoire de phase du système et la dynamique moléculaire permet de la construire numériquement pas à pas, à partir de la seule connaissance des forces. L'avantage, par rapport à d'autres méthodes de simulation à l'échelle atomique comme la méthode de Monte-Carlo, réside dans le fait de pouvoir accéder aux propriétés dynamiques puisque que nous disposons de la trajectoire de phase sur un temps défini t.

II.2.2 Equations du mouvement

En dynamique moléculaire classique, l'évolution des positions et des vitesses d'un système de N particules en interaction est obtenue par la résolution des équations du mouvement classique. A chacune des particules i de masse m_i, qui est considérée comme ponctuelle, est associé un vecteur position et un vecteur impulsion notés respectivement $\mathbf{r}_i$ et $\mathbf{p}_i = m\dot{\mathbf{r}}_i{}^2$. L'hamiltonien de ce système s'écrit

$$H(\mathbf{r}^N, \mathbf{p}^N) = \frac{1}{2} \sum_i^N \frac{\mathbf{p_i}^2}{m_i} + U(\mathbf{r}^N). \tag{II.2}$$

où le premier terme du membre de droite est l'énergie cinétique et le second l'énergie potentielle $U(\mathbf{r}^N)$. Lorsque ce système est considéré comme isolé, H ne dépend pas explicitement du temps. Les équations du mouvement écrites sous la forme lagrangienne sont alors les suivantes

---

[2] *La notation en gras représente des vecteurs.*

$$\dot{q}_i = \frac{\partial H}{\partial \mathbf{p}_i} \qquad (\text{II}.3)$$

$$\dot{p}_i = -\frac{\partial H}{\partial \mathbf{q}_i} \qquad (\text{II}.4)$$

Les équations du mouvement sous la forme de Newton se déduisent de l'équation (II.4) en considérant les q_i comme les coordonnées cartésiennes r_i et les p_i étant les vecteurs impulsion associés :

$$\ddot{r}_i = \frac{1}{m_i}\mathbf{F}_i \qquad (\text{II}.5)$$

$$\mathbf{p}_i = m_i \dot{r}_i \qquad (\text{II}.6)$$

Les $\mathbf{F}_i$ représentent la force appliquée sur la particule i qui dérive du

$$\mathbf{F}_i = -\nabla_i U_N \quad \text{Avec} \quad \nabla_i = \frac{\partial}{\partial x_i}\mathbf{u} + \frac{\partial}{\partial y_i}\mathbf{v} + \frac{\partial}{\partial z_i}\mathbf{w} \qquad (\text{II}.7)$$

La formulation (II.5) et (II.6) est la plus pratique pour mettre les équations du mouvement sous forme discrétisée. Il s'agira en définitive de déterminer les forces sur les particules à partir de l'énergie potentielle U_N au moyen de l'équation (II.7) pour mettre en œuvre la dynamique moléculaire. Cette énergie potentielle contiendra essentiellement les termes d'interaction entre particules et, de ce fait, les $6N$ équations dans (II.5) et (II.6) seront couplées.

II.2.3 Algorithme de Verlet

La résolution des équations du mouvement couplées (II.5) et (II.6) ne peut pas se faire analytiquement. Elle doit donc être réalisée numériquement en utilisant une méthode de différences finies temporelles. Cette résolution numérique se fait pas à pas de sorte que la position r_i de chacune des particules du système à l'instant $t+\delta t$ est définie à partir de la position et de ses dérivées successives à l'instant t au moyen d'un développement de Taylor

$$\mathbf{r}_i(t+\delta t) = \mathbf{r}_i(t) + \frac{d\mathbf{r}_i(t)}{dt}\delta t + \frac{1}{2!}\frac{d^2\mathbf{r}_i(t)}{dt^2}\delta t^2 + \cdots + \frac{1}{n!}\frac{d^n\mathbf{r}_i(t)}{dt^n}\delta t^n \qquad (\text{II}.8)$$

pour un accroissement δt suffisamment petit. Les termes d'ordres élevés deviennent négligeables de sorte qu'une troncature peut être opérée pour obtenir la précision voulue. L'ordre auquel on tronque ce développement et la manière de recombiner les termes donne lieu à de nombreux algorithmes, chacun ayant leurs avantages spécifiques. Toutefois, dans la majorité des cas, deux classes d'algorithmes sont retenues de par leur stabilité et leur précision pour des valeurs de δt relativement grandes : les algorithmes de type Verlet [Verlet, 1967] et les algorithmes 'prédicteur-correcteur' de type Gear, [Hinchliffe, 2003]. On trouvera dans l'article de van Gunsteren et Berendsen [Van Gunsteren & Berendsen, 1990] une discussion sur les avantages et les inconvénients de ces deux types algorithmes.

Dans notre travail, l'intégration des équations du mouvement se fera au moyen d'un algorithme de Verlet dit "sous forme des vitesses" développé par Swope et *al.* [Swope & *al.*, 1982] à partir de l'algorithme original de Verlet [Verlet, 1967].

$$\mathbf{r}_i(t + \delta t) = \mathbf{r}_i(t) + \mathbf{v}_i(t).\delta t + \frac{1}{2m}\mathbf{F}_i(t).\delta t^2 \qquad \text{(II.9)}$$

$$\mathbf{v}_i(t + \delta t) = \mathbf{v}_i(t) + \frac{1}{2}[\mathbf{F}_i(t) + \mathbf{F}_i(t + \delta t)].\delta t \qquad \text{(II.10)}$$

qui, outre sa précision et sa stabilité pour des grands pas de temps δt, ne nécessite que la donnée d'une seule configuration de positions et de vitesses pour démarrer, contrairement à l'algorithme de Verlet original. La seconde équation, qui concerne l'évolution temporelle des vitesses, s'obtient par une combinaison des développements au second ordre de $\mathbf{r}_i$ *(t+δt)* et $\mathbf{r}_i$ *(t+2δt)*.

L'inconvénient de cet algorithme est qu'il nécessite l'évaluation des forces aux deux instants successifs *t* et *t+δt* dans l'équation (II.10). De ce fait, les étapes suivantes sont requises pour sa mise en œuvre :

- A partir des positions, vitesses et accélérations des particules à l'instant t, on détermine les positions des particules à l'instant $t + \delta t$ à partir de l'équation (II.9).
- A partir des vitesses à l'instant *t* et des forces à l'instant *t*, on détermine partiellement les vitesses à l'instants $t + \delta t$ à partir de l'équation (II.10).
- Comme les positions à l'instant $t + \delta t$ sont connues on évalue les forces à l'instant $t + \delta t$.
- On complète le calcul des vitesses à l'instant $t + \delta t$ par le dernier terme du membre de droite de l'équation (II.10).

Les étapes 1 à 4 sont itérées pour avoir les positions et les vitesses aux l'instants successifs et, ainsi, construire pas à pas la trajectoire de phase discrétisée.

II.2.4 Conditions aux limites périodiques

En général, la mise en œuvre d'une simulation de dynamique moléculaire est faite en plaçant N particules dans une boîte parallélépipédique avec $V = L_x L_y L_z$ pour des raisons pratiques. S'il n'y a pas d'anisotropie dans le système, elle est même choisie cubique de volume $V = L^3$. La taille de la boîte de simulation caractérisée par L ne dépasse habituellement pas la dizaine de nanomètres ce qui rend inévitable les effets de taille finie et les effets de surface. L'application de *conditions aux limites périodiques* est donc une solution pour palier à ce problème [Allen & Tildesley, 1989].

Une représentation de l'application des conditions périodiques est donnée dans la Figure II.1 en dimension 2. La boîte de simulation est répétée selon toutes les directions de l'espace de sorte qu'en dimension 2, il y a 8 boîtes image et en dimension 3, il y a 26 boîtes image. De cette manière, au mouvement d'une particule dans la boîte correspond un mouvement identique fictif de toutes ses images périodiques. Lorsqu'une particule sort de la boîte origine par une des faces, l'image de cette particule entre dans la boîte par la face opposée, ce qui permet d'assurer la conservation de la masse, de l'énergie et du moment cinétique au cours de la simulation [Haile, 1997] et d'éliminer les effets de surface.

Il est important de noter qu'une périodicité artificielle dépendant de la taille L est introduite par l'application des conditions périodiques aux limites et produit des effets de taille finie. Ceci peut avoir des répercussions sur les propriétés physiques extraites de la simulation. On peut considérer que lorsque les phénomènes physiques ont une extension spatiale supérieure à la taille L, ou sont déterminées sur un temps supérieur au temps caractéristique

$$\tau_s = \frac{1}{v_s}\left(\frac{N}{\rho}\right)^{1/3} \qquad \text{(II.11)}$$

avec ρ la densité du système et v_s la vitesse de propagation du son, ils sont entachés d'un effet de taille finie. En fait, τ_s correspond au temps que met une onde acoustique pour traverser la boîte de simulation.

Chapitre II : Méthode de simulation – la dynamique moléculaire

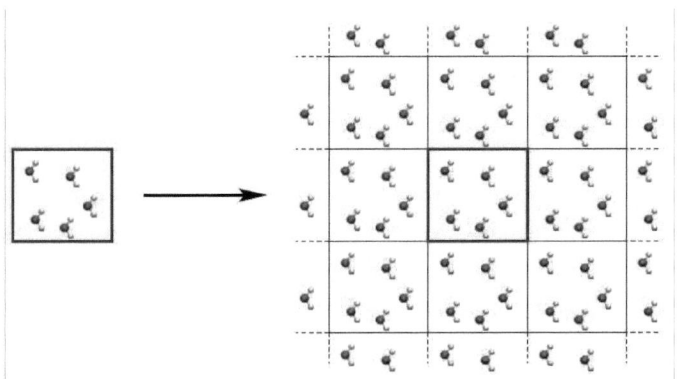

Figure II.1 : Schéma en deux dimensions représentant les conditions aux limites périodiques d'une boite cubique. La boîte de simulation est encadrée en bleu, elle est entourée de ses images.

Un autre inconvénient de l'application des conditions aux limites est la possibilité d'interaction d'une particule avec ses propres images périodiques, ou alors avec d'autres particules et leurs images simultanément. Metropolis *et al.* ont introduit pour la première fois, en 1953, une convention dite de l'image minimum [Metropolis *et al.*, 1953], qui consiste à ne considérer pour chaque particule que les forces provenant de ses voisines situées dans une zone fictive centrée sur elle et de taille identique à la boîte de simulation. Cela impose alors à la taille de boîte L de ne pas être inférieure à deux fois la portée des interactions afin d'éviter un double comptage des forces comme le montre la Figure II.2.

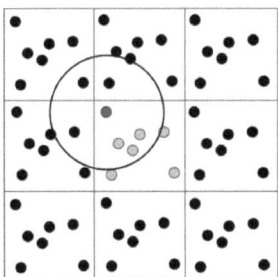

Figure II.2 Calcul des interactions sur la particule en gris foncé en utilisant la méthode du rayon coupure et l'image minimum. Seules les particules dans la sphère du rayon coupure sont prises en compte.

II.2.5 Contrôle des conditions thermodynamiques

La mise en œuvre telle quelle de l'algorithme de Verlet, lorsque l'énergie potentielle n'est constituée que des termes d'interaction entre particules, réalise une simulation du système dans l'ensemble micro-canonique (NVE) puisque le système est isolé. La pression P et la température T sont des paramètres qui ne peuvent pas être contrôlés *a priori*. Afin de se rapprocher les conditions expérimentales, il serait intéressant de pouvoir simuler le système dans d'autres ensembles statistiques comme par exemple l'ensemble canonique (NVT) où la température peut être imposée, l'ensemble isobare-isoenthalpique (NPH) avec un contrôle de la pression, ou encore isobare-isotherme (NPT) pour lequel la pression et la température sont contrôlées simultanément. Techniquement, ces contrôles peuvent se faire de plusieurs manières. Il existe un certain nombre de techniques [Grotendorst, 2002; Rapaport, 2004] permettant le contrôle des paramètres thermodynamiques, qui sont plus ou moins proches de la réalité physique :

- *Le contrôle différentiel*. Les paramètres thermodynamiques sont fixés à la valeur prescrite et aucune fluctuation autour de la valeur moyenne ne peut se produire [Woodcock & Singer, 1971].

- *Le contrôle proportionnel*. Les paramètres thermodynamiques sont contrôlés au travers des variables dynamiques à savoir les positions et les vitesses. Les paramètres sont corrigés à chaque étape par l'intermédiaire d'une constante de couplage qui s'applique aux vitesses et aux positions instantanées. La constante de couplage est déterminée à chaque pas à partir de l'écart entre la valeur instantanés du paramètre en question et de sa consigne [Berendsen & Van Gunsteren, 1986].

- *Le contrôle intégral*. L'hamiltonien du système est étendu en introduisant de nouvelles variables dynamiques représentant l'influence du milieu extérieur sur le système (volume, température). L'évolution temporelle est déterminée par les équations du mouvement de l'hamiltonien étendu au même titre que les positions et les vitesses des atomes [Andersen, 1980].

- *Le contrôle stochastique*. Pour contrôler une propriété thermodynamique donnée, ses variables associées sont modifiées aléatoirement au cours de la simulation. Par exemple, la température du système est contrôlée périodiquement en déterminant une distribution aléatoire gaussienne des vitesses autour de la valeur désirée, simulant ainsi un processus de collisions aléatoires entre les atomes du système et les atomes fictifs d'un thermostat.

Dans ce travail de thèse, nous avons réalisés des simulations dans l'ensemble NVT et NPT. Nous avons utilisé l'algorithme très populaire de Nosé et Hoover [Nosé, 1984b; Nosé, 1984a] qui est un contrôle de type intégral.

II.2.6 Déroulement d'une simulation de DM

Nous détaillons dans cette partie les différentes étapes de déroulement d'une simulation de dynamique moléculaire.

Choix des conditions initiales :

L'amorce de la méthode des différences finies au temps initial nécessite un jeu de positions et de vitesses pour toutes les particules de la boîte de simulation (voir les équations (II.9) et (II.10)). Pour mener à bien la simulation numérique dans les conditions voulues, il est également utile de placer les atomes selon une structure particulière (aléatoire, cristalline, composite, etc...) ou alors provenant d'une simulation précédente. Les vitesses quant à elles sont généralement générées aléatoirement selon une distribution gaussienne pour qu'elle reproduise la température initiale souhaitée [Haile, 1997], ce qui réduira la mise à l'équilibre du système à cette température.

Choix du pas de temps (« timestep » en anglais) :

Le pas de temps est l'un des paramètres importants de la simulation et résulte d'un compromis que le simulateur doit faire. L'utilisation de grands pas de temps permet dans l'absolu de minimiser le temps de calcul pour une durée de simulation donnée (moins de pas de simulation à réaliser). Il y a cependant deux limitations : (i) la stabilité de la méthode des différences finies requiert un pas de temps δt suffisamment faible qui respecte les hypothèses du développement de Taylor, et (ii) la capture correcte des phénomènes aux échelles de temps très petites comme les mouvements vibratoires des atomes. D'un autre côté, l'utilisation d'un pas de temps très petit engendre des temps de simulation prohibitifs. Dans la grande majorité des cas, des valeurs comprises entre 10^{-15} s et 10^{-14} s en dynamique moléculaire classique représentent un bon compromis. Dans notre travail de thèse nous avons utilisé un pas de temps de 1 fs.

Thermalisation du système :

L'imposition des conditions initiales partiellement ou complètement aléatoires, met de fait le système dans une situation hors équilibre. L'étape de thermalisation joue le rôle de marche irréversible du système vers l'équilibre bien décrite en physique statistique. Elle est très importante si l'on veut décrire les systèmes dans des conditions d'équilibre thermodynamique. La Figue II.3 montre l'évolution temporelle de l'énergie potentielle pour un CAS à 12 % de silice à la température de 3000 K. Durant les dix premières picosecondes, l'énergie potentielle n'est pas stationnaire, ce qui montre que le système est hors équilibre. Ensuite, elle se stabilise et fluctue autour de sa valeur moyenne, l'équilibre est atteint. Bien entendu, ce seul critère ne suffit pas pour garantir l'équilibre et plusieurs conditions doivent être vérifiées [Haile, 1997] :

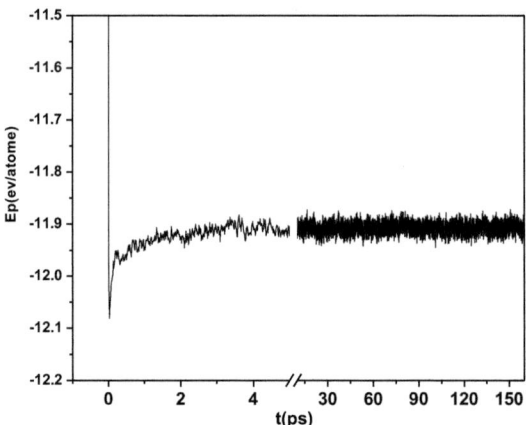

Figure II.3 : la fluctuation de l'énergie potentielle pour la composition Ca12.44 à T = 3000 K. L'axe x est interrompu à 5 ps et montre aux temps courts la configuration hors équilibre et à partir de 10 ps la configuration en équilibre : l'énergie potentielle fluctue autour d'une valeur moyenne de -11,903 eV/atome.

1. Pour un même état thermodynamique, on retrouve les mêmes valeurs des quantités physiques par un changement des conditions initiales.
2. Les grandeurs physiques conservées du système doivent être stationnaires.
3. Si le système subit de petites perturbations, les valeurs moyennes des propriétés physiques doivent rester stables.
4. Les vitesses de chaque composante cartésienne doivent décrire une distribution de Maxwell
5. La fluctuation des grandeurs physiques montre une distribution gaussienne centrée sur sa valeur moyenne. La Figure II.4 montre une distribution gaussienne de l'énergie potentielle.

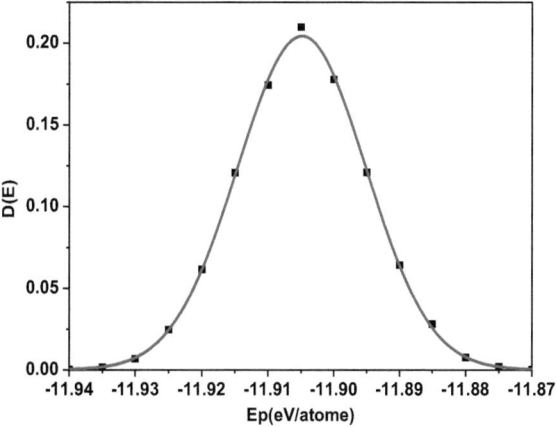

Figure II.4 : *Distribution gaussienne de l'énergie potentielle centrée en -11,905 eV/atome pour la composition Ca12.44 à T = 3000 K.*

Production des résultats :

Lorsque le système est estimé être à l'équilibre après l'étape de thermalisation, la portion restante de la trajectoire de phase du système est utilisée pour calculer les propriétés physiques désirées, c'est l'étape de production. Le plus souvent cela se fait sous forme de post-traitement à partir d'un fichier de sauvegarde par intervalle de temps régulier des positions et des vitesses. Dans la section II.4, nous exposerons les méthodes de calculs des différentes quantités physiques d'intérêt pour ce travail.

II.2.7 Optimisation de la simulation: listes, cellules, et algorithmes parallèles

Les simulations de dynamique moléculaire seront réalisées au moyen du code LAMMPS[3] bien adapté aux architectures informatiques massivement parallèles. Il a été développé au laboratoire SANDIA de Los Alamos, sous l'impulsion de Steve Plimpton [Plimpton, 1995]. Le détail du fonctionnement technique de ce code pourra être trouvé dans l'annexe I. Néanmoins, il nous a paru intéressant de donner ici certains éléments algorithmiques tout à fait généraux et utilisés également dans d'autres codes de dynamique moléculaire.

La première voie d'optimisation est fondée sur le constat suivant. La résolution des équations du mouvement de N particules en interactions requiert la détermination des forces à chaque pas de temps, ce qui représentant plus de *90%* du temps de calcul. De plus, suivant la nature des forces (cf. section II.3.2), la complexité informatique est en $O(N^2)$ pour des interactions de paires, en $O(N^3)$ pour des interactions à trois corps, etc. L'optimisation du calcul des forces est alors un point important pour une meilleure efficacité du code. Lorsque les interactions sont de courte portée, et pour lesquelles il est possible d'utiliser un rayon de coupure r_c, il existe principalement deux techniques permettant de rendre linéaire ($O(N)$) la complexité de calcul, à savoir la méthode des " *listes de Verlet"* [Verlet, 1967] et celle des *"cellules liées"* [Hockney & Eastwood, 1989]. Pour la première méthode, une liste de voisines de chaque particule susceptibles d'interagir est constituée. L'utilisation de cette liste pour le calcul des forces, plutôt que la recherche systématique de voisins à chaque pas, rend linéaire la complexité du calcul des forces. Le renouvellement des listes ne se fait que lorsqu'un changement de l'environnement d'une ou plusieurs particules est détecté. La seconde méthode consiste à décomposer la boîte de simulation en un nombre entier de cellules cubiques de coté D légèrement plus grand que le rayon de coupure des interactions. Des listes de cellules adjacentes sont constituées préalablement au démarrage de la simulation. La recherche des voisines pour le calcul des interactions est limitée aux particules dans une même cellule et dans les cellules adjacentes. A mesure que les particules diffusent dans l'espace, leur réaffectation à de nouvelles cellules est réalisée en temps réel.

Une seconde voie d'optimisation, plus récente, est née avec l'apparition des supercalculateurs à mémoire distribuée dans les années 1990 avec une architecture multiprocesseurs. Les algorithmes parallèles de dynamique moléculaire sont alors élaborés

---

[3] *http://lammps.sandia.gov/*

pour partager la charge de calcul sur p processeurs de façon à pouvoir tendre idéalement vers un temps de calcul p fois moins long, chaque processeur réalisant un p-ième du travail total. En réalité, une efficacité $R = t_1/pt_p$ <1 à cause des transferts de données nécessaires entre processeurs qui ralentissent le calcul, t_p étant le temps de calcul avec p processeurs. A noter qu'un algorithme est considéré comme efficace pour une valeur R de l'ordre de 0.8 à 0.9. Il existe essentiellement trois catégories d'algorithmes parallèles : la décomposition atomique, la décomposition des forces et la décomposition spatiale [Plimpton, 1995]. Le code LAMMPS est fondé sur la méthode de décomposition spatiale pour laquelle la boîte simulation est divisée en p sous-boîtes, chacune étant assignée à un processeur. A chaque pas de temps, chaque processeur calcule les forces et met à jour les positions et les vitesses des particules positionnées dans la sous-boîte qui lui est assignée. Le calcul des forces est effectué par chaque processeur pour les particules de la sous-boîte lui ayant été assignés, avec éventuellement l'information sur les positions et vitesses des particules des sous-boîtes adjacentes.

Les calculs présentés dans ce travail de thèse ont été effectuées dans les centres de calcul nationaux CINES[4] et IDRIS[5] et également sur le centre grenoblois CIMENT[6].

II.3 Potentiel empirique pour les CAS

II.3.1 Principe de modélisation des interactions

La prise en compte de toutes les particularités des liaisons physiques de la matière ainsi que l'effet d'un champ externe éventuel pour la modélisation des interactions peut se faire par une écriture de la fonction énergie potentielle sous la forme suivante :

$$U(\mathbf{r}^N) = u_0(V) + \sum_{i_1}^{N} u_1(\mathbf{r}_{i_1}) + \frac{1}{2!} \sum_{i_1 \neq i_2}^{N} u_2(\mathbf{r}_{i_1}, \mathbf{r}_{i_2}) + \frac{1}{3!} \sum_{i_1 \neq i_2 \neq i_3}^{N} u_3(\mathbf{r}_{i_1 i_2}, \mathbf{r}_{i_2 i_3}, \mathbf{r}_{i_1 i_3}) + \cdots \quad \textbf{(II.12)}$$

Le terme $u_0(V)$ est un terme d'énergie ne dépendant que du volume et permet de décrire par exemple les propriétés du gaz d'électron dans les systèmes métalliques. Le deuxième est représentatif d'un champ de forces externe (gravité, champ électrique ou magnétique), qui agit individuellement sur les atomes. Les autres termes successifs de ce développement à

---

[4] *Centre Informatique National de l'enseignement supérieur.*
[5] *Institut du Développement et des Ressources en Informatique Scientifique.*
[6] *Calcul Intensif, Modélisation, Expérimentation Numérique.*

deux, trois atomes ou plus simultanément modélisent des types interactions spécifiques. Le terme d'interaction à deux corps est le terme principal, qui contient une partie répulsive à courte distance provenant du recouvrement des orbitales d'atomes voisins en contact et un terme attractif à longue distance responsable de la cohésion de la matière (force de dispersion, électrostatique, etc...). Un potentiel à deux corps peut parfois suffire à lui seul à représenter les interactions d'un système réel. Les termes suivants dans l'équation II.12 peuvent représenter des caractéristiques directionnelles des liaisons physiques. Le choix du modèle d'interaction et, en particulier, la forme de la fonctionnelle de chaque terme est un premier pas très important de la construction des interactions de façon réaliste.

II.3.2 Potentiel empirique de type Born-Mayer-Huggins (BMH)

Dans les verres d'aluminosilicate de calcium, les interactions prépondérantes proviennent des atomes d'aluminium et de silicium qui forment avec les atomes d'oxygène des liaisons covalentes, ainsi que les atomes de calcium qui interagissent avec les oxygènes voisins les liaisons de caractère ionique. Notre choix s'est naturellement porté sur les potentiels de Born-Mayer-Huggins (BMH) [Huggins & Mayer, 1933; Soules, 1982] dont la forme est la suivante :

$$V(r_{ij}) = \frac{q_i q_j}{r_{ij}} + A_{ij} \exp\left(\frac{\sigma_{ij} - r_{ij}}{\rho_{ij}}\right) - \left(\frac{C_{ij}}{r_{ij}}\right)^6 + \left(\frac{D_{ij}}{r_{ij}}\right)^8 \qquad \text{(II.13)}$$

et qui sont souvent utilisés pour ce type de systèmes [Soules, 1979; Morgan & Spera, 2001; Cormier & al., 2003]. L'équation (II.13) décrit l'interaction entre un atome i et un atome j, avec $(i, j) \in \{Si, Al, Ca, O\}$, de telle sorte que pour les CAS ce modèle est constitué d'un jeu de dix potentiels. Pour chacun d'eux, le premier terme de la relation II.13 correspond aux interactions électrostatiques avec les charges nominales q_i et q_j. Le deuxième terme est de type Born-Mayer et décrit les répulsions dues aux recouvrements d'orbitales d'atomes voisins. Les deux derniers termes de l'équation II.13 correspondent aux deux premiers termes de dispersion du développement multipolaire.

Notons que des améliorations ont été proposées pour ce potentiel, notamment par l'ajout d'un terme d'interaction à trois corps de type Stillinger-Weber [Stillinger & Weber, 1985] afin d'affiner les contraintes angulaires sur les formateurs de réseaux AlO_4 et SiO_4 [Ganster & al., 2004; Feuston & Garofalini, 1988; Vashishta & al., 1990]. L'utilisation d'un potentiel de Morse à la place du terme de Born-Mayer est une voie qui s'est révélée intéressante [Kang & al., 2006]. Une avancée significative dans la description des interactions dans les liquides et les verres silicatés a été réalisée en prenant des charges effectives au lieu des charges nominales [Tsuneyuki & *al.*, 1990; Tangney & *al.*, 2002], afin de modéliser de façon simplifiée les effets de polarisation [Wilson & *al.*, 1996]. D'autres stratégies, qui prennent en compte la polarisation des anions de manière précise, ont été mises en œuvre très récemment [Drewitt & *al.*, 2011].

II.3.3 Interactions coulombiennes : sommation d'Ewald

Les interactions coulombiennes de l'équation II.13 sont de longue portée et l'énergie électrostatique converge lentement avec la distance de séparation des charges. En conséquence, l'erreur commise par l'utilisation directe d'un rayon de coupure n'est jamais négligeable. Afin de traiter correctement ce type d'interactions en dynamique moléculaire avec une boite de taille finie, il est nécessaire d'utiliser une méthode spécifique [Ewald, 1921]. Dans ce travail, nous utiliserons la méthode de sommation d'Ewald [Ewald, 1921, Allen & Tildesley, 1989], dont nous donnons ci-dessous les aspects principaux.

Considérons une boite de simulation de cotés L_x, L_y, L_z, contenant un nombre N de particules chargées. La position de chaque particule i est définie par $\mathbf{r_i} = \{r_{ix}, r_{iy}, r_{iz}\}$ et sa charge est notée q_i. La condition de neutralité du système impose la relation $\sum_i q_i = 0$. Avec l'application des conditions aux limites périodiques l'énergie électrostatique prend la forme :

$$U_W = \frac{1}{2} \sum_{n=0}^{\infty} \sum_{i=1}^{N} \sum_{j=1}^{N} {}' \frac{q_i q_j}{|\mathbf{r}_i - \mathbf{r}_j + n|} \qquad (\text{II.14})$$

Le vecteur $n = (n_1 L_x + n_2 L_y + n_3 L_z)$, avec n_1, n_2, n_3 des entiers. Le signe prime signifie que les termes $i=j$ ne sont pas pris en compte lorsque $n = \{0, 0, 0\}$. Cette énergie U_w est décomposée de la manière suivante en trois termes

$$U_W = U_D + U_R - U_S \qquad (\text{II.15})$$

U_D l'énergie calculée dans l'espace direct :

$$U_D = \frac{1}{2} \sum_{n=0}^{\infty} \sum_{i=1}^{N} \sum_{j=1}^{N} {}' \frac{q_i q_j}{|\mathbf{r}_i - |\mathbf{r}_i - \mathbf{r}_j + n||} erfc(\alpha |\mathbf{r}_i - \mathbf{r}_j + n|) \qquad (\text{II.16})$$

et U_R l'énergie estimée dans l'espace réciproque :

$$U_R = \frac{1}{2} \sum_{n=0}^{\infty} \sum_{i=1}^{N} \sum_{j=1}^{N} \frac{q_i q_j}{|\mathbf{r}_i - \mathbf{r}_j + n|} erf(\alpha|\mathbf{r}_i - \mathbf{r}_j + n|) \qquad \text{(II.17)}$$

Les fonctions *erf* et *erfc* dénotent les fonctions erreur et erreur complémentaire qui sont définies par :

$$erf(x) = \frac{2}{\sqrt{\pi}} \int_0^x e^{-2t^2} dt. \qquad et \qquad erfc(x) = 1 - erf(x)$$

Le dernier terme U_S corrige les interactions des charges sur elles-mêmes qui ont été prises en compte dans les expressions précédentes et s'écrit de la manière suivante :

$$U_S = \frac{1}{2} \sum_{i=1}^{N} q_i^2 \left[\lim_{r \to 0} \frac{erf(\alpha r)}{r} \right] = \frac{\alpha}{\sqrt{\pi}} \sum_{i=1}^{N} q_i^2 \qquad \text{(II.18)}$$

En rassemblant les termes des équations (II.16), (II.17) et (II.18), l'énergie électrostatique se met sous la forme :

$$U \simeq \frac{1}{2} \sum_{i=1}^{N} \sum_{j \neq i}^{N} \frac{q_i q_j}{\mathbf{r}_{ij}} erfc(\alpha \mathbf{r}_{ij}) + \frac{2\pi}{V} + \sum_{k \neq 0}^{k_{max}} \frac{e^{-k^2/4\alpha^2}}{k^2} \sum_{i=1}^{N} \sum_{j=1}^{N} q_i q_j e^{ik(\mathbf{r}_i - \mathbf{r}_j)} - \frac{\alpha}{\sqrt{\pi}} \sum_{i=1}^{N} q_i^2 \qquad \text{(II.19)}$$

où V est volume de la boite de simulation, K les vecteurs de l'espace réciproque définis par $L = n_x \frac{2\pi}{L_x} X + n_y \frac{2\pi}{L_y} Y + n_z \frac{2\pi}{L_z} Z$ avec X, Y et Z les vecteurs unitaires suivant les axes de la boîte de la simulation et α est un paramètre ajustable qui est choisi pour assurer l'amortissement suffisant de U_w dans l'espace réel tout en conservant une précision suffisante.

II.3.4 Paramétrage pour les CAS

Nous avons utilisé l'équation (II.13) pour décrire les interactions et nous avons considéré le paramétrage proposé par Matsui [Matsui, 1994] adapté pour un silicate quaternaire (CaO-MgO-Al$_2$O$_3$-SiO$_2$, noté CMAS). Nous avons ensuite affiné les paramètres de ce modèle pour avoir une description précise des propriétés structurales et dynamiques des CAS fondus, sur la base des données expérimentales ainsi que les résultats de dynamique moléculaire *ab initio* (AIMD) [Jakse & *al.*, 2012] sur le joint $R = 1$ pour trois compositions avec une composition en silice inférieure à 20%. Les simulations AIMD ont été réalisées préalablement au démarrage de ce travail de thèse.

Le Tableau II.1 rassemble tous les paramètres du potentiel et les valeurs entre parenthèses ont été modifiées par rapport aux valeurs d'origine [Matsui, 1994]. Dans le chapitre III, une comparaison détaillée des résultats du potentiel original et amélioré avec ceux obtenus en *ab initio* et les données expérimentales [Bouhadja & *al.*, 2013] sera donnée. Dans les premières tentatives, nous avions conservé le terme de dispersion en $1/r^8$ et ajouté un terme d'interaction à trois corps sous la forme proposée par Stillinger et Weber [Stillinger & Weber, 1982], qui avait été utilisée pour une composition particulière de CAS d'intérêt pour le stockage des déchets nucléaires [Ganster & *al.*, 2004; Ganster & *al.*, 2008]. Cependant nous n'avons pas trouvé d'améliorations sensibles des résultats avec ces deux termes supplémentaires. Finalement, nous avons abandonné ces contributions et utilisé la forme II.13 sans le terme de dispersion en $1/r^8$.

Nous avons essentiellement amélioré la partie coulombienne en ajustant les charges effectives q_i, tout en conservant bien entendu la neutralité de charge pour tous les oxydes purs. Comme on peut le voir dans le Tableau II.1, les nouvelles valeurs des charges partielles sont sensiblement différentes de celles initialement proposées par Matsui [Matsui, 1994]. Cependant, elles sont proches de celles utilisées pour la silice (SiO_2) et l'alumine pure (Al_2O_3) pures [Van Beest & *al.*, 1990] en utilisant le même potentiel empirique et également celles d'un autre modèle *ab initio* polarisable [Tangney & *al.*, 2002]. Nous notons cependant que la valeur obtenue ici pour Ca est différente de celle pour le système CaO pur [Wang & al, 2005]. Les valeurs optimisées ici sont également cohérentes avec celles utilisées dans les études pour les binaires $CaO-SiO_2$ (CS) [Mead & Mountjoy, 2006], $Al_2O_3-SiO_2$ (AS) [Winkler & *al.*, 2004], [Pfleiderer & *al.*, 2006] et $CaO-Al_2O_3$ (CA) [Thomas & *al.*, 2006]. En outre, nous avons modifié légèrement le terme exponentiel de Born-Mayer pour les paires Al-O, Si-O, et O-O de sorte que les propriétés structurales locales des deux formateurs de réseaux Al et Si soient conservées.

La Figure II.5 (a) montre le potentiel d'interactions des paires Si-O, Al-O et Ca-O. Le potentiel de paires Si-O possède le minimum le plus profond qui reproduit la forte liaison covalente entre les atomes de silicium et les oxygènes. Le potentiel de paires Al-O montre un puits moins profond que pour Si-O, indiquant que la liaison covalente entre Al et O est moins forte. Finalement le potentiel de paires Ca-O présente une liaison bien moins forte que pour

Si-O et Al-O. La Figure II.5(b) représente les potentiels pour les sept autres potentiels de paires qui sont tous purement répulsifs.

En ce qui concerne la procédure d'ajustement des paramètres des potentiels, nous avons réalisé une simulation de dynamique moléculaire de 20 ps pour chaque jeu de paramètres et pour plusieurs températures dans le liquide entre 1800 K et 4000 K. Nous avons comparé les résultats obtenus pour certaines propriétés structurales et dynamiques (cf. Tableau II.2) avec ceux de dynamique moléculaire *ab initio* et avec les données expérimentales. Ainsi par essais-erreurs successifs en faisant varier les paramètres des potentiels pertinents évoqués plus haut, nous avons établi leur valeur finale montrées dans le Tableau II.1.

	Q	A (eV)	ρ (Å)	σ (Å)	C (eVÅ^6)
Ca	1.2(**0.9450**)				
Al	1.8(**1.4175**)				
Si	2.4(**1.8900**)				
O	-1.2(**-0.945**)				
Ca-Ca		0.0035	0.0800	2.3440	20.9856
Ca-Al		0.0032	0.0740	1.9572	17.1710
Ca-O		0.0077	0.1780	2.9935	42.2556
Al-Al		0.0029	0.0680	1.5704	14.0498
Al-O		0.0075	0.1640(**0.172**)	2.6067	34.5747
O-O		0.0120	0.2630(**0.276**)	3.6430	85.0840
Ca-Si		0.0027	0.0630	1.8924	22.9907
Si-O		0.0070	0.1560(**0.161**)	2.5419	46.2930
Al-Si		0.0025	0.0570	1.5056	18.8116
Si-Si		0.0012	0.0460	1.4408	25.1873

Tableau II.1: *Les paramètres du nouveau potentiel. Les valeurs entre parenthèses correspondent aux paramètres originaux de Matsui [Matsui, 1994].*

	DM	AIMD	Expérience
$RDF(r)$			X
Facteur structure			X
$RDF(r)$ partielle		X	
Nombre de Coordination		X	
Distribution angulaire		X	
Diffusion			X
$F_s(q,t)$			X

Tableau II.2: *Propriétés physiques mesurées (Expérience) et calculées (AIMD) qui ont été utilisées pour établir les potentiels d'interaction.*

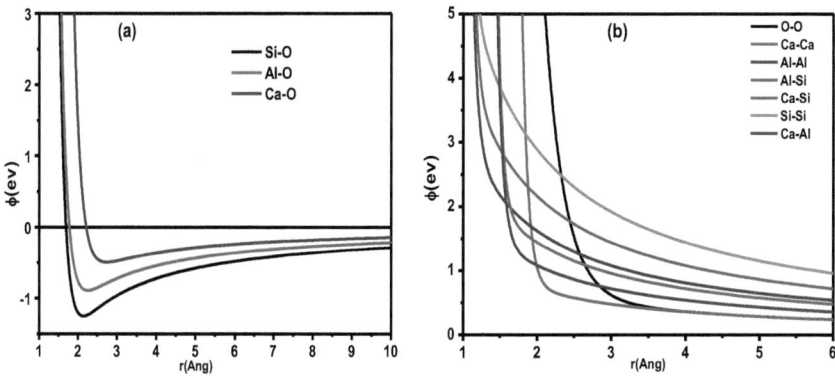

Figure II.5 : *Potentiels d'interaction pour les CAS.*

II.4 Calcul des propriétés physiques

Dans les sections précédentes, nous avons présenté en détail la méthode de dynamique moléculaire classique et le potentiel BMH utilisé pour modéliser les verres CAS. Nous présentons maintenant les propriétés physiques (thermodynamique, structurale, dynamique), qui vont être utilisées pour analyser les résultats de simulation de dynamique moléculaire.

II.4.1 Propriétés thermodynamiques

Présentons ici les principales propriétés thermodynamiques déterminées dans notre travail [Haile, 1997; Kadiri, 2001]. Pour les expressions qui suivent, une moyenne est réalisée sur M configurations échantillonnées avec un pas Δt^* durant la phase de production des simulations. En général un nombre $M = 2000$ configurations est choisi.

1. La température :

$$T = \frac{2}{3} \frac{E_c}{N k_B} \qquad \text{(II.20)}$$

2. La pression :

$$P = \frac{2}{3} \frac{E_c}{V} + \frac{1}{3MV} \sum_{l=1}^{M} \sum_{i=1}^{N} \sum_{j>i}^{N} r_{ij}(l\Delta t^*) . F_{ij}(l\Delta t^*) \qquad \text{(II.21)}$$

3. L'énergie cinétique :

$$E_c = \frac{1}{2M} \sum_{l=1}^{M} \sum_{i=1}^{N} m_i \mathbf{v}_i^2 (l\Delta t^*) \qquad \text{(II.22)}$$

4. L'énergie potentielle :

$$E_p = \frac{1}{M} \sum_{l=1}^{M} \sum_{i=1}^{N} \sum_{j>i}^{N} [u(\mathbf{r}_{ij}(l\Delta t^*))] \qquad \text{(II.23)}$$

A partir de l'équation (II.22) et (II.23) l'énergie totale est déterminée par $Etot = E_c + E_p$ et l'enthalpie par $H = E + PV$, V étant le volume de la boîte de simulation. Le code LAMMPS permet de calculer les valeurs instantanées des propriétés thermodynamiques directement durant la simulation. L'échantillonnage et la moyenne sont réalisés en post traitement.

II.4.2 Energie de structure inhérente

Pour obtenir l'énergie de structure inhérente nous avons appliqué la méthode du *gradient conjugué* [Maurin & Motro, 2001] pour amener le système vers un minimum local de la surface d'énergie potentielle à partir d'une série de configurations échantillonnées durant la phase de production d'une simulation à la température T. Pour une configuration donnée, chaque atome se déplace suivant des forces qui s'exercent sur lui provenant des atomes voisins jusqu'à ce que le système trouve un minimum local sur l'hypersurface d'énergie (Figure II.6), où les forces s'annulent.

$$\mathbf{F}_l = -\mathbf{grad}\, U_i \qquad (\text{II}.24)$$

Le principe de l'algorithme du *gradient conjugué* est le suivant. La configuration de N atomes est décrite par un vecteur X_k de dimension $3N$. Soit k le nombre d'itérations déjà réalisées, notons S_k la direction de descente vers le minimum local, et λ_k le module du déplacement. Les nouvelles positions des atomes i à l'itération $k+1$ sont :

$$\mathbf{X}_{k+1} = \mathbf{X}_k + \lambda_k \cdot \mathbf{S}_k \qquad (\text{II}.25)$$

L'écriture (II.25) n'est autre que celle de la méthode de plus grande pente qui converge lentement vers le minimum local. La méthode du *gradient conjugué* est appliquée afin d'optimiser la descente en tenant compte du gradient g de la fonction non linéaire à minimiser au cours du processus itératif. Le gradient est calculé à chaque pas d'itération est écrit au moyen de la formule suivante :

$$\mathbf{S}_k = \begin{cases} -\mathbf{g}_k & \text{pour } k = 1 \\ -\mathbf{g}_k + b_k \cdot \mathbf{S}_{k-1} & \text{pour } k \geq 2 \end{cases} \qquad (\text{II}.26)$$

si le produit scalaire est $\langle \mathbf{g}_k, \mathbf{S}_k \rangle$ est négatif, $\mathbf{S}_k$ étant une direction de descente. Les valeurs de b_k peuvent être déterminées de plusieurs manières : Fletcher-Reeves (FR) [Fletcher & Reeves, 1972] ou Polak-Ribiere (PR) [Polak & Ribiere, 1969], la comparaison entre les deux méthodes est faite en détail dans [Maurin & Motro, 2001] :

$$b_k^{FR} = \frac{\langle g_k, g_k \rangle}{\langle g_{k-1}, g_{k-1} \rangle} \geq 0 \qquad et \qquad b_k^{PR} = \frac{\langle g_k, g_k - g_{k-1} \rangle}{\langle g_{k-1}, g_{k-1} \rangle} \qquad (\text{II}.27)$$

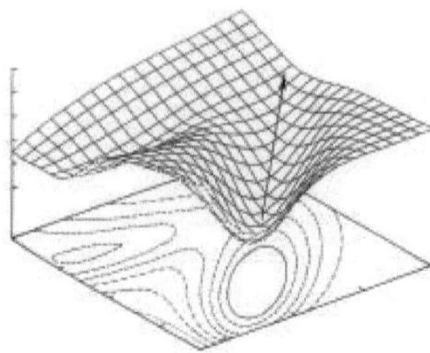

Figure II.6 : Représentation schématique de la surface d'énergie potentielle (PEL).

II.4.3 Propriétés structurales

La fonction de corrélation de paires, ou fonction de distribution radiale (*RDF*), notée *g(r)*, mesure la probabilité de trouver une particule dans une couronne sphérique entre les distances r et $r+\Delta r$ par rapport à une particule quelconque considérée comme origine :

$$g(r) = \frac{V}{N} \frac{n(r)}{4\pi r^2 \Delta r} \qquad \text{(II.28)}$$

n(r) représente le nombre moyen des particules situées à une distance entre r à $r+\Delta r$ de la particule choisie comme origine.

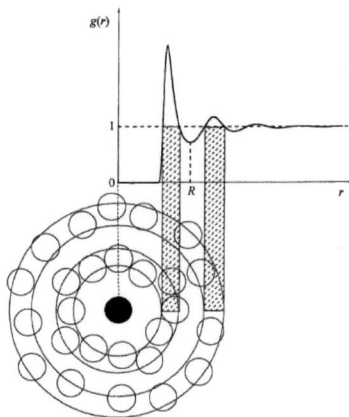

Figure II.7 : Illustration du comportement typique de la fonction de corrélation de paires.

La Figure II.7 montre le comportement typique d'une fonction de corrélation de paires $g(r)$. Aux petites distances r, $g(r)$ est nul à cause de la très forte répulsion entre les particules. A partir des distances plus éloignées, la présence d'oscillations montre les corrélations de la particule centrale avec les particules de la première sphère de coordination. Les oscillations successives indiquent des sphères de coordinations de plus en plus éloignées mais qui sont de moins en moins définies. Aux très longues distances, $g(r)$ tend vers 1 montrant un système complètement désordonné. La distance R_c est un rayon de coupure défini comme le premier minimum de $g(r)$ qui limite la première couche voisine. L'intégration de $g(r)$ jusqu'en Rc permettra de déterminer le nombre de coordination Nc, comme nous allons le voir par la suite.

Le facteur structure $S(q)$ est la transformée de Fourier de la fonction de corrélation de paires (II.28) :

$$S(\mathbf{q}) = 1 + \rho \int_0^\infty (g(r) - 1) \, exp(i\mathbf{q}.\mathbf{r}) \, \mathbf{dr} \qquad \text{(II.29)}$$

avec q le vecteur de l'espace réciproque et $\rho = N/V$ la densité moyenne des atomes du système. Comme nous l'avons déjà évoqué au chapitre I, il est possible de faire une comparaison directe entre la simulation et l'expérience permettant ainsi de tester la qualité des potentiels mis en œuvre dans la simulation.

Pour un système avec n espèces atomiques, il existe $[n.(n+1)]/2$ facteurs de structure partiels et le même nombre de fonctions de corrélations de paires partielles associées. Par exemple, les CAS, i.e. $CaO-Al_2O_3-SiO_2$ contiennent quatre types d'atomes, et donc 10 paires distinctes : Al-O, Si-O, Ca-O, Al-Al, Al-Si, Ca-Ca, Ca-Si, Si-Si, O-O, Al-Ca). La relation (II.29) se généralise alors de la façon suivante :

$$S_{\alpha\beta}(\mathbf{q}) - 1 = \frac{4\pi\rho}{q} \int_0^\infty r[g_{\alpha\beta}(r) - 1] \sin(\mathbf{q} \cdot \mathbf{r}) \, dr \qquad \text{(II.30)}$$

$$g_{\alpha\beta}(r) - 1 = \frac{1}{2\pi^2 r \rho} \int_0^\infty q[S_{\alpha\beta}(\mathbf{q}) - 1] \sin(\mathbf{q} \cdot \mathbf{r}) \, dq \qquad \text{(II.31)}$$

Ici ρ est la densité atomique moyenne du système. Notons que $g_{\alpha\beta}(r) = g_{\beta\alpha}(r)$ et $S_{\alpha\beta}(q) = S_{\beta\alpha}(q)$, du fait l'isotropie du système.

L'intégration de la fonction $g_{\alpha\beta}(r)$ jusqu'au rayon de coupure $Rc_{\alpha\beta}$ permet d'obtenir le nombre de coordination $N_{\alpha\beta}$ d'une particule de type α par des particules de type β.

$$N_{\alpha\beta} = \frac{4\pi N_\beta}{V} \int_0^{Rc_{\alpha\beta}} g_{\alpha\beta}(r) r^2 \, dr. \qquad \text{(II.32)}$$

Les différents formalismes qui ont été développés sur les facteurs de structure partiels et leur relation avec les facteurs de structure totale mesurée sont développés dans l'annexe II.

La fonction de distribution angulaire ADF (en anglais « Angular Distribution Function ») représente la probabilité de trouver deux atomes distincts à une distance $r < R_c$ formant un angle θ avec un atome central. La Figure II.8 montre des angles de type O_2-Al-O_3, O_1-Si-O_2 et O_1-O_2-O_3 pour deux tétraèdres de centre Al et Si et qui sont connectés par un oxygène pontant (BO) O_2. Si θ est l'angle entre les liaisons $j - i - k$, la fonction de distribution angulaire $g(\theta)$ est obtenue sous la forme d'une distribution en histogramme des angles déterminés de la manière suivante

$$\theta = \sum_j \sum_{k>j} arccos \frac{\mathbf{r}_{ij} \cdot \mathbf{r}_{ik}}{\mathbf{r}_{ij}\mathbf{r}_{ik}} \qquad \text{(II.33)}$$

avec : $\mathbf{r}_{ij} \cdot \mathbf{r}_{ik} = (x_i - x_j)(x_k - x_i) + (y_i - y_j)(y_k - y_i) + (z_i - z_j)(z_k - z_i)$, où r_{ij} est la distance entre les atomes i et j.

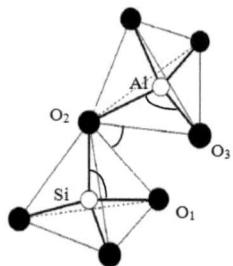

Figure II.8: *Représentation schématique les angles O_1-Si-O_2, O_2-Al-O_3 et O_1-O_2-O_3 pour deux tétraèdres connectés par un BO.*

II.4.4 Anneaux

La recherche d'anneaux dans les systèmes CAS que nous avons étudiés permet de caractériser un ordre à moyenne portée. Nous avons utilisé le logiciel ISAACS [Roux & Petkov, 2010] pour déterminer leur statistique. Quatre types d'anneaux peuvent être considérés d'un point de vue topologique : « king », « primitifs », « forts » et « plus courts chemin ». Davantage de détails sur les quatre types d'anneaux ainsi que sur le fonctionnement du logiciel ISAACS sont fournis dans l'annexe III. Nous avons utilisé dans ce travail de thèse les anneaux de type « Plus Courts Chemin » (PCC), le critère de prise en compte des anneaux de type PCC est d'inclure seulement ceux qui n'ont aucun raccourci. La Figure II.9 montre un exemple pour définir les anneaux de type PCC, les anneaux pris en compte sont abfea, abdfea, bdfcb, dgfd et les anneaux abdgfea et bdgfcb ne sont pas des anneaux PCC car le chemin dgf possède un un raccourci (df) [Guttman, 1990; Franzblau, 1991].

La plus part des recherches actuelles utilisent les anneaux PCC [Winkler & *al.*, 2004 ; Huang & Kieffer, 2004]. L'argument principal d'utiliser les anneaux de type PCC parce que l'algorithme de recherche des anneaux de type « King » [King, 1969] ignore un certain nombre d'anneaux trouvés en PCC. Les algorithmes de recherche des anneaux de type « primitifs » et « forts » sont prohibitifs en temps de calcul. L'analyse des anneaux types PCC sera appliquée aux atomes de silicium et d'aluminium qui sont les formateurs du réseau et fournira des informations sur l'organisation spatiale des tétraèdres entre eux. Ainsi, les anneaux qui nous intéressent seront de type Si-O-Si-O-, Si-O-Al-O- ou Al-O-Al-O-.

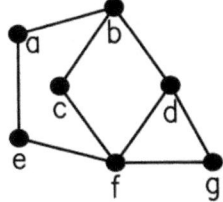

Figure II.9 : *Représentation graphique avec 7 nœuds a à g. Les anneaux PCC sont abfea, abdfea, bdfcb et dgfd.*

II.4.5 Propriétés dynamiques et de transport atomique

Dans cette partie, sont données les définitions des propriétés dynamiques utiles : le déplacement quadratique moyen, les coefficients d'auto-diffusion, la viscosité, la fonction de diffusion intermédiaire et le temps de relaxation structural associé.

II.4.5.1 Déplacement quadratique moyen et coefficients de diffusion

Le déplacement quadratique moyen s'écrit de la manière suivante :

$$R^2(t) = \frac{1}{MN} \sum_{l=1}^{M} \sum_{i=1}^{N} [\mathbf{r_i}(t_l) - \mathbf{r_i}(t_l - t)]^2. \tag{II.34}$$

La fonction (II.34) donne une mesure de la capacité d'une particule à diffuser dans son milieu au cours du temps. La diffusion des atomes dans les liquides peut s'expliquer dans le cadre du théorème de fluctuation–dissipation. Les atomes sont soumis à deux forces, l'une est une force motrice qui donne un mouvement aléatoire et la seconde une force de freinage systématique du mouvement des atomes dû à l'environnement local. Ainsi, le théorème de fluctuation–dissipation fournit une relation entre les forces aléatoire et systématique occasionnées par les impacts répétés des atomes environnants.

Le coefficient de diffusion D, est déduit du comportement linéaire du déplacement quadratique moyen aux temps longs par la relation

$$D = \frac{1}{6} \lim_{t \to \infty} \frac{R^2(t)}{t} \tag{II.35}$$

La Figure II.10 montre l'allure de la fonction $D(t) = R^2(t)/t$ au cours du temps, qui tend vers le coefficient d'autodiffusion D.

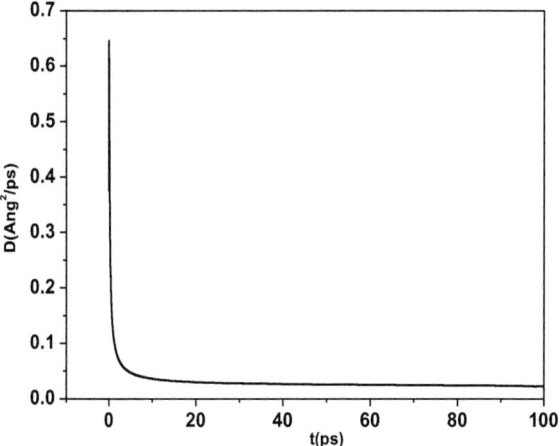

Figure II.10 : *Courbe de diffusion du liquide Ca12.44 à la température 2000 K au cours du temps. La valeur moyenne de la diffusion est prise à partir de 90 ps et donne une valeur D= 0,0227 Å²/ps.*

II.4.5.2 Fonction de diffusion intermédiaire

Globalement, la fonction de diffusion intermédiaire $F_s(q,t)$ est une fonction de corrélation dynamique qui donne des informations fines sur les processus dynamiques qui ont lieu dans le système

$$F(q,t) = \frac{1}{MN}\sum_{i=1}^{M}\sum_{k,l=1}^{N} \exp\left[i\mathbf{q}(\mathbf{r}_k(t_i) - \mathbf{r}_l(t_i - t))\right]. \qquad \text{(II.36)}$$

où $\mathbf{r}_k(t)$ est la position de l'atome k à l'instant t. $\mathbf{q} = (2\pi/L)(n_x, n_y, n_z)$ sont des vecteurs d'onde compatibles avec la longueur $L = V^{1/3}$ de la boîte de simulation et n_x, n_y et n_z sont des nombres entiers. La transformée de Fourier temporelle de l'équation (II.36) représente le facteur de structure dynamique $S(q,\omega)$ qui se mesure expérimentalement par des diffraction inélastiques de rayons X [Kozaily, 2012]. Lorsque $k = l$, $F(q,t)$ se réduit la fonction de diffusion intermédiaire individuelle qui décrit les processus incohérents, à savoir pour les atomes pris individuellement. Cette fonction se mesure également expérimentalement par diffusion quasi-élastiques de neutrons [Kozaily, 2012]. Comme nous l'avons exposé au Chapitre I, le temps de relaxation structural ou de relaxation α, noté τ_α peut être déduit de $F_s(q,t)$ en utilisant la définition suivante [Binder & Kob, 2011].

$$F_s(q, t=\tau_\alpha) = e^{-1}.$$ (II.37)

II.4.5.3 Viscosité

Le calcul direct de la viscosité peut se faire de plusieurs manières [Allen & Tildesley, 1989, Smit & Frenkel, 2002], à la fois par dynamique moléculaire à l'équilibre en utilisant les relations de Green-Kubo pour le tenseur de contraintes ou par dynamique moléculaire hors équilibre en imposant un cisaillement à la boîte de simulation. Dans ce travail, nous avons utilisé la méthode « *Reverse Non-Equilibrium Molecular Dynamics* » (RNEMD) pour déterminer la viscosité et proposée récemment [Muller-Plathe, 1999 ; Bordat & Müller-Plathe, 2002].

Le principe de cette méthode repose sur le fait que la viscosité de cisaillement relie le champ de cisaillement au flux de la quantité de mouvement transversale [Atkins, 1994]. D'une part, le champ de cisaillement correspond au gradient d'une composante de la vitesse du fluide par rapport à une autre direction de l'espace. Par exemple, on considèrera le gradient de la composante selon x de la vitesse par rapport à la direction z de l'espace, soit $\left(\frac{\partial V_x}{\partial z}\right)$, qui est appelé le taux de cisaillement. D'autre part, le flux de la quantité de mouvement $j_z(p_x)$ représente la quantité de mouvement p_x transportée dans la direction z par unité de temps et par unité de surface A (voir Figure II.11)). Ce flux est colinéaire au champ de cisaillement. Notons que ce flux peut être vu comme le terme non diagonal xz du tenseur des contraintes. Finalement, la viscosité de cisaillement η n'est autre que le coefficient de proportionnalité entre ces deux quantités, soit :

$$j_z(p_x) = -\eta \, \frac{\partial V_x}{\partial Z}.$$ (II.38)

L'évaluation de η repose donc sur le calcul du flux $j_z(p_x)$ et du champ de cisaillement. Pour ce faire, la boîte de simulation est divisée en tranches suivant z (Figure II.12). Les atomes à l'intérieur de la tranche située en $z = 0$ sont déplacés artificiellement dans le sens des x positifs, et les atomes dans la tranche située à mi-hauteur ($z=L_z/2$ avec L_z la longueur de la boîte de simulation dans la direction z) dans le sens des x négatifs. La réponse physique à ce cisaillement artificiel est un profil de vitesse qui résulte du phénomène de friction dans les tranches intermédiaires, c'est-à-dire entre la tranche en $z=0$ et celle en $z=L_z/2$ et également entre la tranche en $z=L_z/2$ et celle en $z=L_z$ (qui est en fait $z=0$ par application des conditions périodiques).

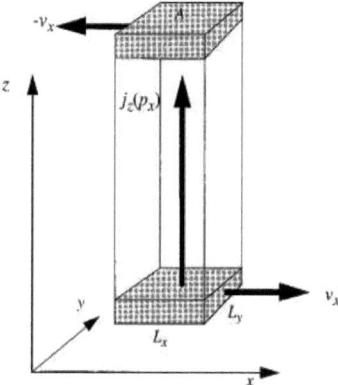

Figure II.11: Géométrie de la configuration hors équilibre. Un gradient V_x est mis en place dans la direction z par un cisaillement du liquide. Le flux dynamique $j_z(p_x)$ s'écoule dans la direction z [Müller-Plathe, 1999].

L'impulsion ΔP_x transférée de la $z=L_z/2$ à $z=0$ est connue avec précision. Si l'application d'un flux dynamique est répétée périodiquement en permutant les quantités de mouvement imposées, l'impulsion totale transférée une simulation sera P_x la somme des ΔP_x. Par définition, le flux est donné par la relation suivante :

$$j_z(p_x) = \frac{P_x}{2tA} \qquad (II.39)$$

avec $A=L_xL_y$ et t le temps pendant lequel cette méthode est appliquée. La quantité $\left(\frac{\partial V_x}{\partial z}\right)$ est extraite de la pente du profil, qui sera linéaire si le déplacement artificiel imposé reste une perturbation faible. Finalement, d'après les relations (II.38) et (II.39) la viscosité est donnée par :

$$\eta = -\frac{P_x}{2t\,A\left(\frac{\partial V_x}{\partial z}\right)} \qquad (II.40)$$

le facteur 2 provenant de la périodicité du système [Müller-Plathe, 1999].

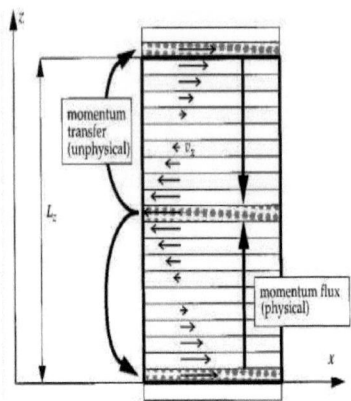

Figure II.12 : Vue schématique de la boîte de simulation périodique [Müller-Plathe, 1999].

Pendant la procédure de trempe, nous avons enregistré les configurations atomiques entre les températures 6000 K et 1800 K, Les configurations sont équilibrées pour chaque composition à cette température en NVT. Les boîtes de simulation sont divisées en 20 tranches de même épaisseur suivant l'algorithme RNEMD. La quantité de mouvement est inversée tous les 20 pas de temps sur une durée de 2×10^7 pas de temps. Mentionnons que l'intervalle d'échange, la quantité de mouvement et le temps de simulation total ont été optimisés au préalable en réalisant des simulations d'essai pour obtenir un état stationnaire et le profil de vitesse linéaire. Pour des températures très basses, la viscosité de cisaillement augmente très rapidement pour toutes les compositions et le profil de vitesse devient presque plat. Il est donc très difficile d'obtenir une estimation précise en un temps de calcul raisonnable.

Chapitre III

Propriétés structurales des verres CAS

III.1 Introduction

Il est bien connu que les propriétés thermodynamiques et de transport atomique des aluminosilicates de calcium dépendent de la structure microscopique de façon importante [Highby & al., 1990; Cormier & al., 2005]. Comme nous l'avons évoqué au chapitre I, l'image que l'on peut avoir de la structure des CAS est une interpénétration de deux réseaux de tétraèdres SiO_4^- et AlO_4^-, connectés en leurs sommets par l'intermédiaire d'un atome d'oxygène appelé oxygène pontant (BO). Les atomes de calcium sont des cations immergés et distribués de façon aléatoire dans les deux réseaux tétraédriques et jouent le rôle d'équilibrage de charge [Navrotski & al., 1985]. De plus, ils ont la capacité d'entrer en compétition avec les atomes Al et Si pour former une liaison avec l'oxygène, créant aussi des oxygènes non pontant (NBO). Ils induisent la formation d'oxygènes tri-coordonnés (TBO), c'est-à-dire lié avec des atomes Al et Si, et d'aluminium penta-coordonnés (AlO_5). Les cations Ca^{2+} jouent ainsi également le rôle de modificateurs de réseau et affaiblissent les réseaux tétraédriques. Il n'en demeure pas moins que les mécanismes microscopiques et leur relation avec les propriétés macroscopiques pour le liquide et le verre et en fonction de la composition et de la température ne sont que partiellement compris.

Ce chapitre est donc consacré à l'étude de propriétés structurales des CAS dans les phases liquides, surfondues et vitreuses. Les compositions, qui sont montrées dans le Tableau III.1, ont été choisies selon trois joints, c'est-à-dire avec un ratio de composition R = [CaO]/[Al_2O_3] = 1, 1,57 et 3, pour lesquels la teneur en silice varie dans tout le domaine possible, ce qui permettra ainsi d'examiner l'effet de l'ajout de la silice sur les propriétés structurale de ces verres. Afin l'identifier les différentes compositions, la nomenclature Cax,y que l'on retrouve habituellement dans la littérature, a été utilisée avec x la concentration molaire de la silice et y la concentration molaire de l'alumine. La concentration en chaux est alors 1-x-y. Le Tableau I.I récapitule le détail de toutes les compositions étudiées avec les valeurs des différentes concentrations. Les compositions se répartissent selon trois lignes appelées joints, sur lesquelles le rapport des concentrations de la chaux et de l'alumine R = [CaO]/[Al$_2$O$_3$] reste constant et où la concentration en silice varie selon le joint. Cela nous permettra notamment d'étudier l'évolution des propriétés structurales et dynamiques avec l'ajout de silice sur trois joints différents, à savoir R = 1, 1.57 et 3. Un aspect remarquable de ce ternaire est qu'il est possible de synthétiser des compositions avec une faible teneur en silice, ce qui n'est pas le cas pour d'autres ternaires comme les aluminosilicates de magnésium ou d'alcalins.

Compositions	Nb Ca	Nb O	Nb Al	Nb Si	Taille de boite [Ang]
$R = 1$					
Ca0.50	230	920	460	-	27.91
Ca12.44	207	936	414	58	28.05
Ca19.40	191	946	382	91	28.30
Ca33.33	162	966	324	162	28.46
Ca50.50	124	992	248	248	28.58
Ca76.12	63	1034	126	391	28.73
SiO$_2$	-	1074	-	537	29.25
$R = 1.57$					
Ca0.39	311	908	398	-	28.16
Ca10.35	281	917	356	51	28.36
Ca20.31	250	931	318	102	28.45
Ca35.27	193	960	274	178	28.47
Ca55.18	146	1009	186	292	28.70
Ca77.08	72	1016	92	403	28.34
$R = 3$					
Ca0.20	441	882	294	-	28.42
Ca10.23	392	901	262	58	28.68
Ca16.21	363	918	242	96	28.61
Ca33.18	288	956	192	190	28.48
Ca50.12	204	978	136	258	28.26
Ca68.08	132	1022	88	379	28.18

Tableau III.1: *Paramètres de simulation pour chaque composition : le nombre d'atome et la taille initiale de la boite de simulation pour les trois joints.*

Dans une première partie, le potentiel empirique, qui a été construit à partir de données expérimentales et de résultats de simulation de dynamique moléculaire *ab initio* sur le joint R = 1 pour des teneurs en silice inférieures à 20 %, sera validé. Dans la seconde partie, l'évolution des propriétés structurales en fonction de la composition en silice et de la température sera examinée. Nous considérerons pour cela les fonctions de corrélations de paires, les distributions angulaires, les nombres de coordination autour des atomes d'Al, de Si et de Ca, ainsi que d'autres unités structurales comme les AlO_5, les NBO et les TBO. Comme nous le montrerons dans le chapitre IV, ces unités structurales ont un impact certain sur la diffusion et la viscosité.

III.2 Validation potentiel

III.2.1 Mode opératoire des simulations

Les simulations de dynamique moléculaire ont été réalisées avec le potentiel de Born-Mayer-Huggins. La fonctionnelle de ce potentiel est implémentée dans le code LAMMPS [Plimpton., 1995] et ses paramètres sont introduits *via* le script d'entrée (voir Annexe I). Le Tableau II.1 donne les valeurs des paramètres du potentiel dans sa version originale et dans sa version améliorée. Le réajustement des valeurs des paramètres a été réalisé manuellement pour reproduire avec le meilleur compromis les facteurs de structure expérimentaux, les fonctions de corrélation de paires partielles, les nombres de coordination partiels, les angles prépondérants des fonctions de distribution angulaires simulées en AIMD, ainsi que les coefficients de diffusion expérimentaux. Nous avions pris contact avec le groupe de simulation de Montpellier et en particulier Simona Ispas pour la mise en œuvre d'un algorithme d'ajustement des paramètres d'un potentiel empirique par minimisation des différences quadratiques des fonction de corrélations de paires obtenues en DM *ab initio* et classique [Carré & al., 2008]. Cette technique a été appliquée à la silice pure avec succès avec un potentiel BKS [Carré & al., 2008]. Cependant, l'extension à quatre éléments s'est avérée plus complexe que prévue, et cette voie a été abandonnée.

Ce nouveau jeu de paramètres mais également dans certains cas les paramètres originaux proposées par Matsui [Matsui, 1994] ont été utilisés dans les simulations afin de réaliser des comparaisons. Les équations du mouvement ont été résolues numériquement avec l'algorithme de Verlet sous la forme des vitesses (voir chapitre II) en utilisant un pas de temps de 1 fs. La procédure d'une simulation typique est représentée sur la Figure III.1. Une configuration initiale est construite avec un nombre d'atomes donné pour chaque composition (voir Tableau I.1) dont les positions sont distribuées aléatoirement dans une boite cubique de volume V reproduisant les densités expérimentales dans la phase liquide [Courtial & Dingwell, 1995]. Dans un premier temps, le système est chauffé à une température de $T =$ 6500 K dans ensemble canonique (NVT) durant 10 ps. Ce temps est suffisant pour équilibrer le système à cette température. Il est ensuite refroidi à une vitesse 10^{11} K/s à l'aide d'une rampe continue de température à pression constante jusqu'à 300 K et les configurations ont été stockées sur disque dur à intervalle régulier. Afin d'analyser l'évolution en température lors de la trempe, à chaque température désirée, une configuration produite durant la rampe est reprise et une dynamique moléculaire à volume constant (NVT) est réalisée séparément et équilibrée à nouveau pendant une période de temps allant de 100 ps à 10 ns suivant la température. La simulation est alors poursuivie pour produire les propriétés physiques pendant un temps de 10 ns aux hautes températures et jusqu'à 180 ns pour les températures les plus basses. Notons ici que nous avons testé sur une composition l'influence du thermostat en réalisant une simulation dans l'ensemble microscopique (NVE). Les résultats obtenus en NVT et en NVE sont très proches. Nous avons donc choisi de travaille en NVT.

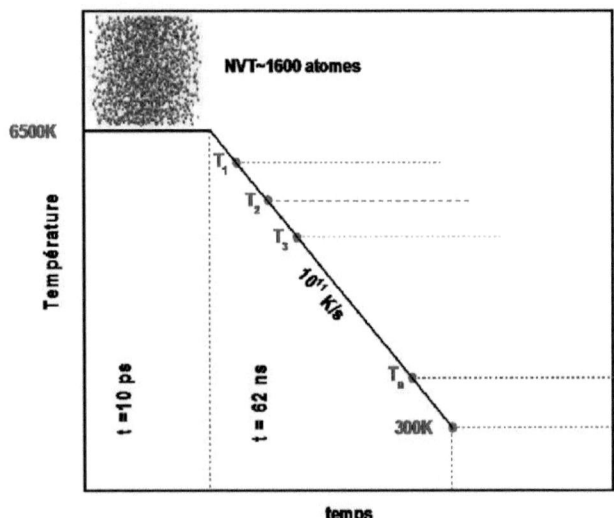

Figure III.1: Mode opératoire des simulations de dynamique moléculaire.

III.2.2 Températures de transition vitreuse

Nous commençons notre étude par la détermination de la température de transition vitreuse par simulation pour chacune les compositions étudiées, à partir du concept de surface d'énergie potentielle exposé au chapitre I [Stillinger, 1995; Sastry & al., 1998]. Les Figures III.2(a), (b) et (c) montrent, pour les joints 1, 2 et 3 respectivement, l'évolution en fonction de la température des énergies de structures inhérentes obtenues pour le nouveau potentiel à partir du mode opératoire décrit dans la section précédente. Les courbes ont été normalisées par rapport à leur valeur absolue obtenue à $T = 300$ K (voir Tableau III. 2). Pour les trois joints, les courbes d'énergies de structures inhérentes montrent le comportement général suivant. A haute température, de 6000 K à 3000 K suivant la composition et le joint, les courbes ISE décroissent presque linéairement avec une pente faible, ce qui correspond à un régime diffusif normal. Aux températures plus basses, les courbes d'énergies de structures inhérentes décroissent plus rapidement indiquant que le système explore progressivement des minima plus rares et plus profonds, c'est-à-dire avec des énergies plus basses et des barrières plus élevées. Le système entre dans un régime influencé par la PEL dans lequel il ne peut franchir ces barrières d'énergie que plus rarement. Finalement, aux températures les plus basses les courbes ISE ne varient presque plus et le système se trouve piégé dans un minimum où il est dominé par la PEL et où il a atteint l'état vitreux. En ce qui concerne la silice pure, la courbe ISE montre un comportement anormal aux températures supérieures à 4000 K avec une remontée de la courbe ISE trop importante, ce qui indique une limitation du potentiel dans ce cas.

Comme nous l'avons indiqué dans le chapitre I, les valeurs de T_G sont déterminées à partir du croisement des branches où le système est influencé par la PEL et celui où il est dominé par PEL. Les températures de transitions vitreuses, obtenues à partir des courbes ISE sont tracées en fonction de la composition dans les inserts des Figures III.2 (a), (b) et (c). Elles sont en général relativement proches des valeurs expérimentales obtenues par calorimétrie [Cormier & al., 2005]. Elles sont cependant systématiquement plus hautes (sauf pour la silice pure), ce qui est essentiellement dû à la vitesse de trempe rapide effectuée en simulation. Pour les joints $R = 1$ et 1.57, les barres d'erreur des valeurs calculées sont de l'ordre de 30 K, nous pouvons alors considérer que les valeurs calculées sont compatibles avec l'expérience, puisque la différence n'excède pas 35 K. Pour le joint $R = 3$ les valeurs de T_G simulées sont surestimées. Toutes les valeurs de T_G ont été tabulées dans le Tableau III.2.

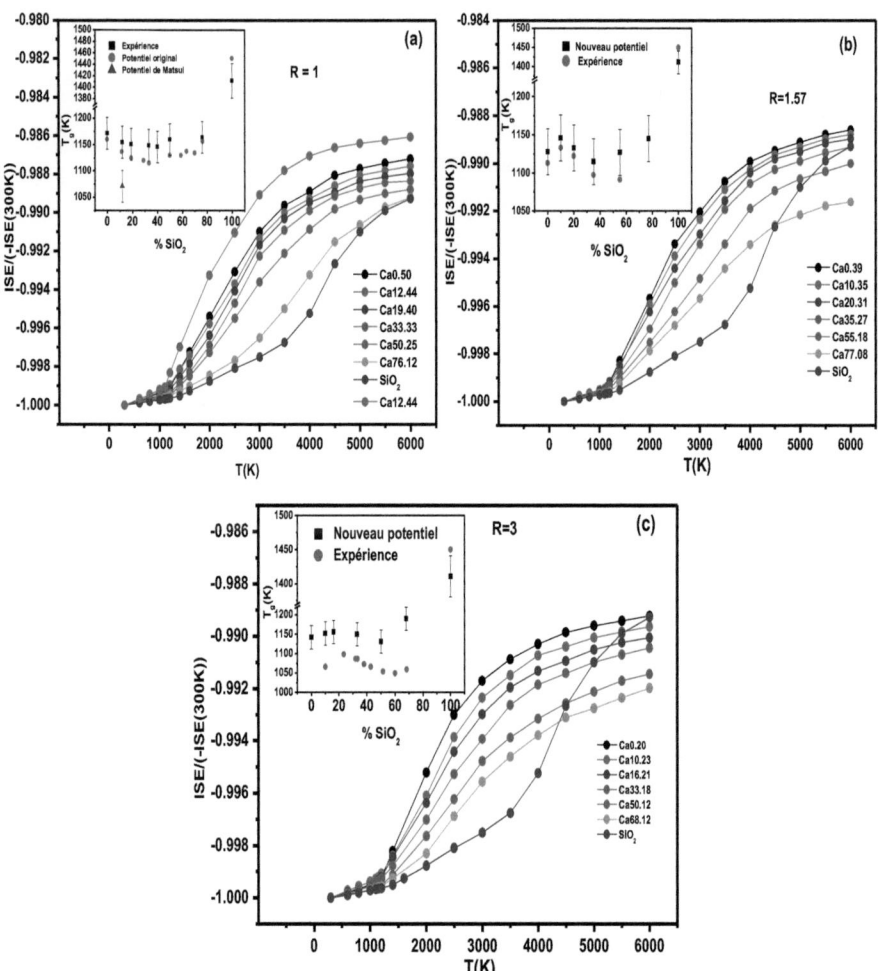

Figure III. 2 : *Energie de structure inhérente (ISE) en fonction de la température pour les compositions allant de 0 à 100% (silice pure) du haut vers le bas pour le joint (a) R=1, (b) R=1.57 et (c) R=3. Les lignes sont des guides visuels. Encart : température de transition vitreuse par simulation DM avec le nouveau potentiel (rectangle noir) et le potentiel de Matsui (triangle bleu) en fonction de la concentration en silice. Les cercles rouges correspondent aux valeurs expérimentales [Cormier & al, 2005]. L'axe vertical est interrompu de 1200 K à 1360 K pour des raisons de clarté.*

Chapitre IV : Propriétés structurales des verres CAS

La figure III.2(a) montre la courbe ISE obtenue pour la composition Ca12.44 sur le joint $R = 1$ avec le potentiel original [Matsui, 1994]. Les énergies sont plus élevées que pour le nouveau potentiel et donnent lieu à une température de transition vitreuse plus basse que l'expérience. La détermination des courbes ISE n'ont pas été poursuivie. Il est intéressant de noter que pour les trois joints, l'évolution de T_G avec la concentration en silice suit correctement la tendance expérimentale, avec un minimum aux environs de $x = 0.33$ pour le joint 1, un maximum pour $x = 0.10$ puis un minimum pour $x = 0.33$ pour le joint 2, et enfin un maximum pour $x = 0.20$ puis un minimum pour $x = 0.5$ pour le joint 3. Ceci montre la qualité du potentiel d'interaction pour décrire la température de transition vitreuse.

$R=1$	ISE(300 K)	T_G	$R=1.57$	ISE(300 K)	T_G	$R=3$	ISE(300 K)	T_G
Ca0.50	-11.79	1172	Ca0.39	-11.18	1128	Ca0.20	-10.23	1142
Ca12.44	-12.46	1155	Ca10.35	-11.86	1146	Ca10.23	-11.12	1152
Ca19.40	-12.92	1151	Ca20.31	-12.57	1133	Ca16.21	-11.71	1156
Ca33.33	-13.80	1149	Ca35.27	-13.70	1115	Ca33.18	-13.14	1150
Ca50.25	-14.86	1146	Ca55.18	-15.10	1127	Ca50.12	-14.65	1131
Ca76.12	-16.64	1160	Ca77.08	-16.76	1145	Ca76.12	-16.04	1190
SiO_2	-18.50	1164	SiO_2	-18.50	1411	SiO_2	-18.50	1411

***Tableau III.2** : Valeurs de l'énergie de structure inhérente (ISE) à $T = 300$ K*

III.2.3 Facteurs de structure

Nous considérons maintenant la capacité du nouveau potentiel à décrire les facteurs de structure totaux dans l'état liquide (2000 K), surfondu (1600 K) et vitreux (300 K), et quelles sont les améliorations apportées par rapport à la version originale au niveau microscopique. Dans la Figure III.3(a) et (b) les résultats de dynamique moléculaire sont comparés d'une part aux données de diffraction de neutrons et aux simulations *ab initio* [Jakse & *al.*, 2012] à $T = 2000$ K et, d'autre part, aux données expérimentales de rayons X [Kozaily, 2012] et aux simulations *ab initio* à $T = 1600$ K. Les trois compositions considérées, Ca0.50, Ca12.44 et Ca19.40 sont celles pour lesquelles le nouveau jeu de paramètres a été ajusté. A $T = 2000$ K, un bon accord est trouvé avec les deux potentiels pour des vecteurs d'onde supérieurs à $q = 2.5$ Å^{-1}. En revanche, pour des valeurs de q au voisinage du premier pic de diffraction (FSDP) ($q = 1.9$ Å^{-1}), le nouveau potentiel donne de meilleurs résultats. En particulier l'augmentation du FSDP avec la concentration en silice est bien mieux reproduite. De même, dans l'état surfondu, Figure III.3(b), un meilleur accord général est obtenu avec le nouveau potentiel pour les trois compositions.

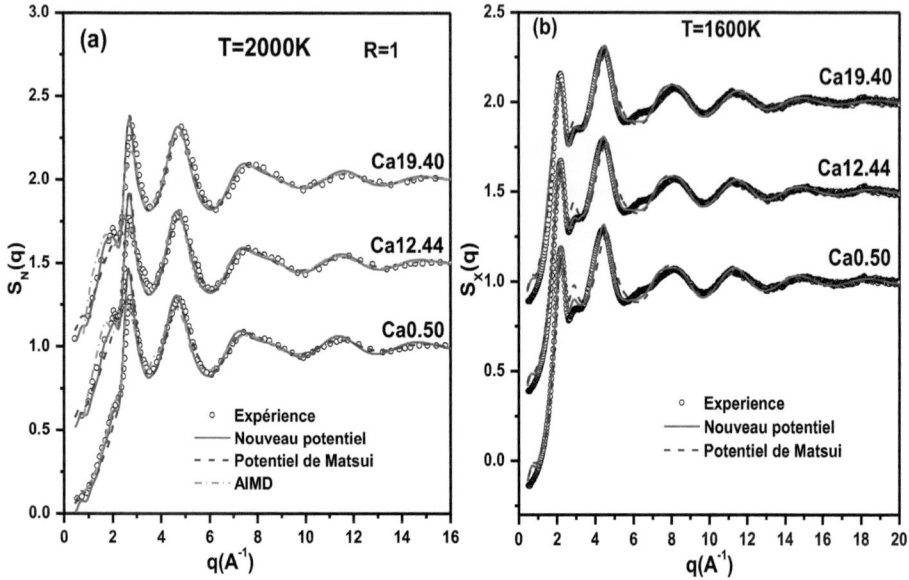

Figure III.3 : *Facteur structure total: (a) diffusion de neutrons $S_n(q)$ dans le liquide à T = 2000 K, et (b) diffraction de rayons X $S_x(q)$ en surfondu à T =1600 K pour les compositions Ca0.50, Ca12.44 et Ca19.40.*

La Figure III.4 montre les résultats du facteur de structure à T = 2000 K et à T = 300 K pour l'ensemble des compositions du joint R = 1 qui sont comparés aux mesures de diffraction de neutrons [Kozaily, 2012; Jin & al., 1993], quand elles existent. Un bon accord est trouvé dans le liquide et dans le verre, ce qui indique une bonne transférabilité du potentiel, que ce soit en température ou en composition sur le joint R = 1. En particulier, le nouveau potentiel est capable de reproduire l'évolution du premier pic de diffraction en position et en intensité, et donc de reproduire l'ordre à moyenne distance que nous étudierons dans la dernière section de ce chapitre. Nous avons déterminé les facteurs des structures avec la méthode directe de Debye, réputée très précise aux petits vecteurs d'ondes, et montré que les résultats obtenus par transformée de Fourier utilisées ici sont corrects aux petits vecteurs d'onde au voisinage de FSDP.

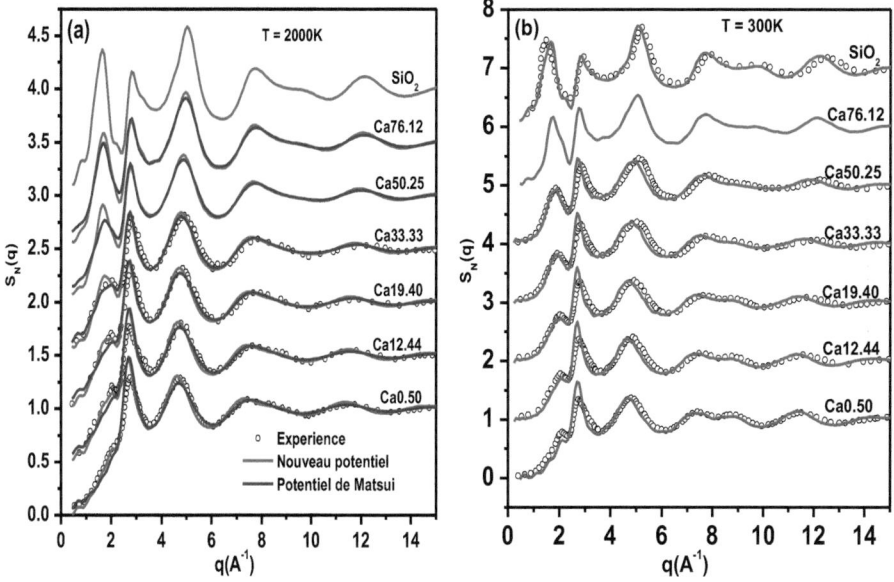

Figure III.4 : *Facteur structure total $S_N(q)$: (a) dans le liquide à T = 2000 K, et (b) pour le verre à T = 300 K, pour l'ensemble des compositions*

La transférabilité de ce potentiel peut être testée plus avant en comparant les simulations aux mesures existantes des facteurs de structure sur les deux autres joints (R=1.57 et R=3). La Figure III.5(a) montre que le nouveau potentiel donne des résultats corrects sur le joint R = 1.57 par rapport aux données expérimentales de diffraction des rayons X de Cormier *et al.* [Cormier & *al.*, 2005]. Ceci est également vrai pour le joint R = 3 sur la Figure III.5 (b) où les résultats de dynamique moléculaire sont comparés aux mesures de diffraction de neutrons réalisées par Louis Hennet [Louis Hennet 2012]. Ici, le nouveau potentiel donne de moins bons résultats pour le binaire Ca0.20 [Cristiglio & *al.*, *2010*] avec des pics légèrement décalés et plus intenses.

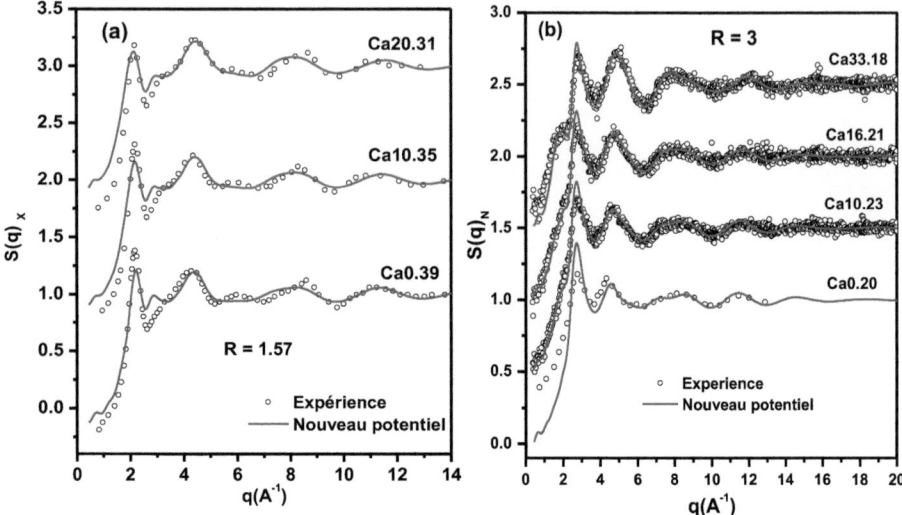

Figure III.5 : *(a) Facteur de structure total des rayons X pour les compositions sur R = 1.57. Les cercles blancs sont les résultats expérimentaux et les lignes rouges les résultats de DM avec le nouveau potentiel. (b) Facteur de structure total des neutrons sur R = 3 à la température de 1873 K pour les compositions Ca10.23, Ca16.21, 1900 K pour la composition Ca33.18 et 2170 K pour la composition Ca0.20* [Cristiglio & al., 2010].

III.2.4 Fonctions de corrélation de paires et nombres de coordination

Examinons plus en détail l'ordre local dans l'espace direct en considérant les fonctions de corrélations de paires partielles et les nombres de coordinations associés pour le joint $R = 1$ et les compositions pour lesquelles des simulations *ab initio* ont été faites [Jakse & al., 2012] à savoir Ca12.44 et Ca19.40. La Figure III.6 montre les fonctions de corrélation de paires Si-O, Al-O, Ca-O et O-O à $T = 2000$ K, au-dessus du point de fusion expérimental. Le potentiel amélioré montre un très bon accord général avec les simulations *ab initio,* mais avec une hauteur du premier pic de $g(r)$ plus prononcée. La version originale du potentiel conduit en général à des résultats un peu moins bons. Comme on peut voir dans le Tableau III.3, les longueurs de liaison, définies comme la position du premier pic de $g(r)$, sont en meilleur accord avec les simulations *ab initio* avec le nouveau potentiel, et en particulier les longueurs de liaison Ca-O et O-O sont sensiblement surestimes par la version originale de ce potentiel.

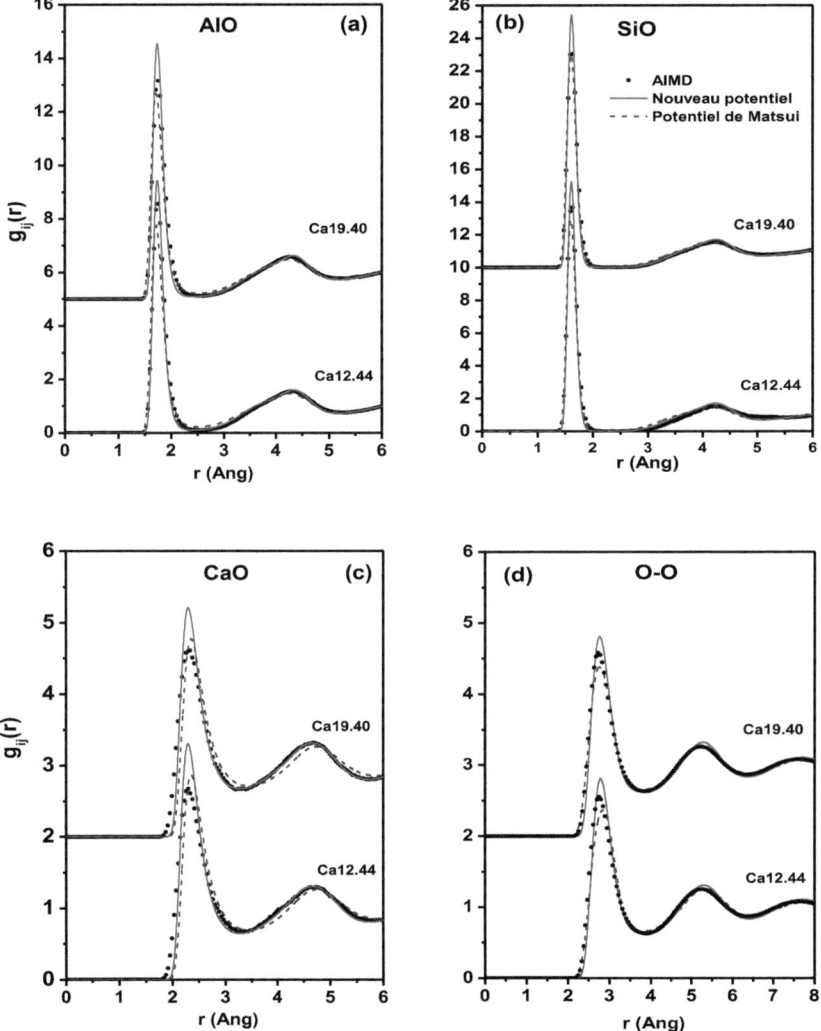

Figure III.6 : *Fonctions de corrélation de paires partielles à T = 2000 K. (a) Al-O, (b) Si-O, (c) Ca-O et (d) O-O.*

Chapitre IV : Propriétés structurales des verres CAS

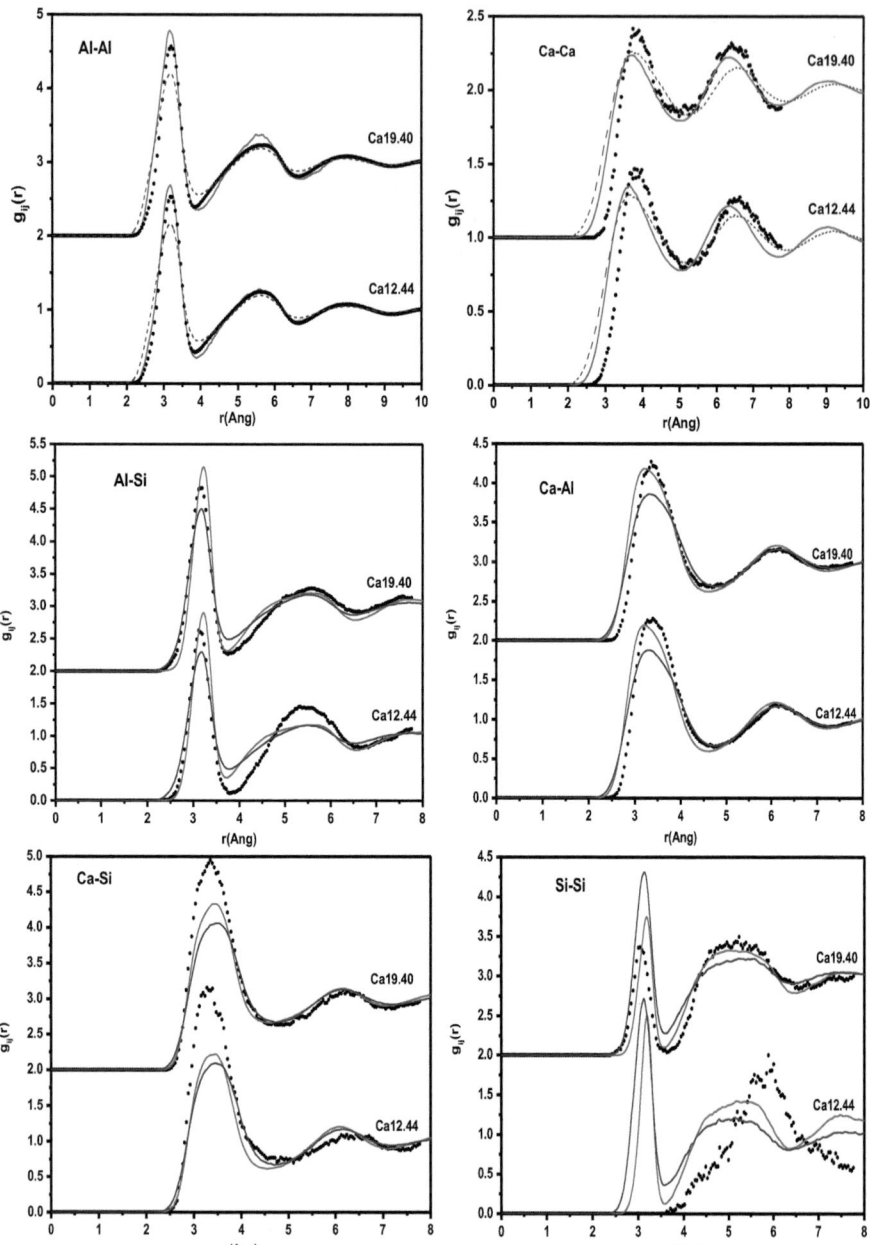

Figure III.7: *Fonctions de corrélation de paires partielles Al-Al, Ca-Ca, Al-Si, Ca-Al, Ca-Si et Si-Si à la température T = 2000 K*

Dans la section précédente nous avons validé le nouveau potentiel pour les fonctions de corrélations partielles Si-O, Al-O et Ca-O et O-O. La Figure III.7 montre les résultats pour les autres paires. Le nouveau potentiel donne des distances de liaison en meilleur accord avec les résultats AIMD dans la plus part des cas sauf pour la paire Ca-Ca pour laquelle la distance de liaison est plus petite que les résultats AIMD. La fonction de corrélation de paires Si-Si en AIMD pour la composition Ca12.44 montre une absence de premiers voisins que nous analysons par un défaut de statistique car la boîte de simulation ne contient que 8 atomes de Si.

Les distributions des nombres de coordination autour des atomes Al, Si, et Ca sont présentées dans la Figure III.8. Elles sont obtenues par comptage du nombre d'atomes d'oxygène dans la première sphère de coordination, dont le rayon est défini par le premier minimum de la fonction de corrélation de paires correspondante (r_C = 2.45, 3.29 et 2.12 Å pour le nouveau potentiel et 2.54, 3.43 et 2.26 Å pour la version originale du potentiel, respectivement pour les partielles Al-O, Ca-O et Si-O).

La distribution Si-O montre essentiellement un environnement constitué de 4 voisins pour les deux potentiels, en accord avec les résultats AIMD. La distribution Al-O obtenus avec le nouveau potentiel est proche des résultats *ab initio*. En particulier, la proportion d'aluminium à 5 oxygènes voisins, AlO_5, est bien reproduite. En revanche, le potentiel original surestime cette proportion d'au moins un facteur deux, comme on peut le voir dans le Tableau III.4. La description de l'environnement local Ca-O, plus complexe avec une coordination moyenne voisine de 6 à 7 atomes d'oxygène, est moins bien décrit. Cependant l'amélioration du potentiel à ce niveau est nette, la version originale du potentiel donnant un atome d'oxygène de plus en moyenne par rapport aux valeurs AIMD.

Finalement, la Figure III.8(d) montre la distribution des nombres de coordination O-(Al,Si), c'est-à-dire le nombre d'atomes Si ou Al autour d'un oxygène. Les oxygènes sont majoritairement liés à deux atomes (Si ou Al), ce sont les oxygènes pontant qui lient deux tétraèdres voisins. Les oxygènes avec un voisin sont au nombre de 10% environ et représentent les oxygènes non-pontant dont la présence a été montrée expérimentalement [Stebbins & Xu, 1997] pour un système sur joint R = 1. Le nombre d'oxygènes tri-coordonnés (triclusters, TBO), dont la présence a été montrée expérimentalement [Stebbins & Xu, 1997], se trouve aux alentours de 14%. Le nouveau potentiel reproduit très bien les résultats *ab initio* de cette distribution, contrairement au potentiel original.

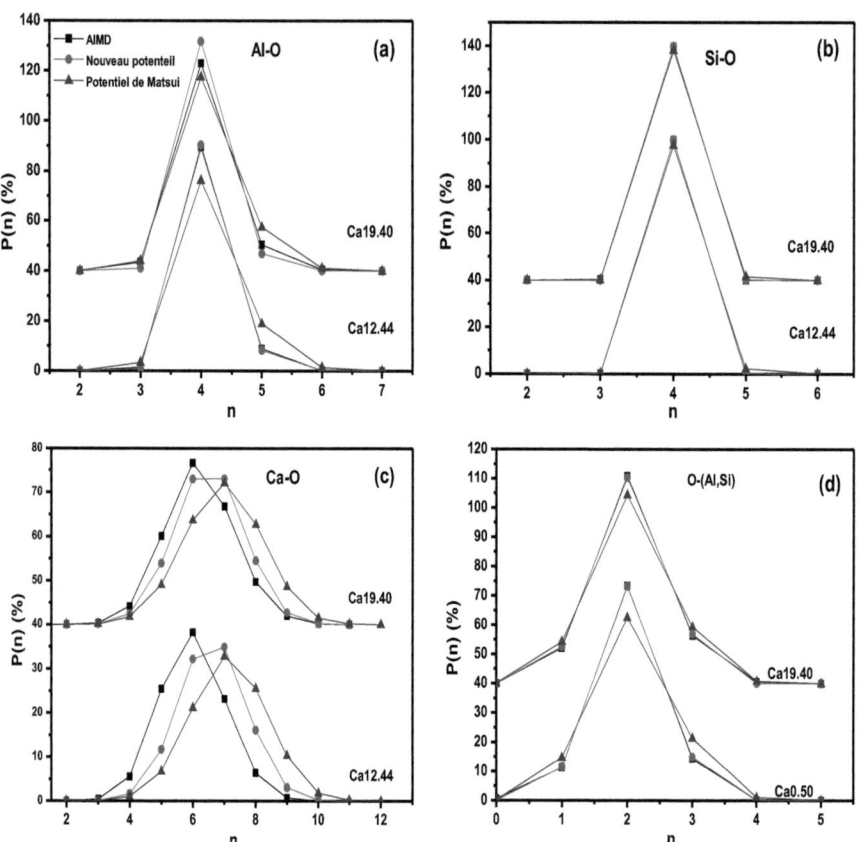

Figure III.8: *Distribution des nombres de coordination (a) Al-O, (b) Si-O et (c) Ca-O et (d) O-(Al, Si) pour les compositions Ca12.44 et Ca19.40 liquide à la température de 2000 K.*

III.2.5 Distributions angulaires

La Figure III.9 montre les distributions angulaires des oxygènes autour des atomes Al, Si et Ca à $T = 2000$ K. Les distributions O-Al-O et O-Si-O possèdent un pic principal proche de l'angle tétraédrique (voir Tableau III.3). Un examen des angles de liaison montre que le nouveau potentiel donne généralement des résultats en meilleur accord avec les résultats AIMD. Compte tenu de la coordination de quatre atomes d'oxygène, ces résultats confirment que l'environnement local des atomes de silicium et d'aluminium est très majoritairement formé de tétraèdres d'oxygène. Toutefois, la distribution O-Al-O est plus large que la O-Si-O indiquant un angle de liaison moins fort. Elle possède également un pic secondaire peu marqué aux alentours de 160° dû à la présence des entités AlO$_5$.

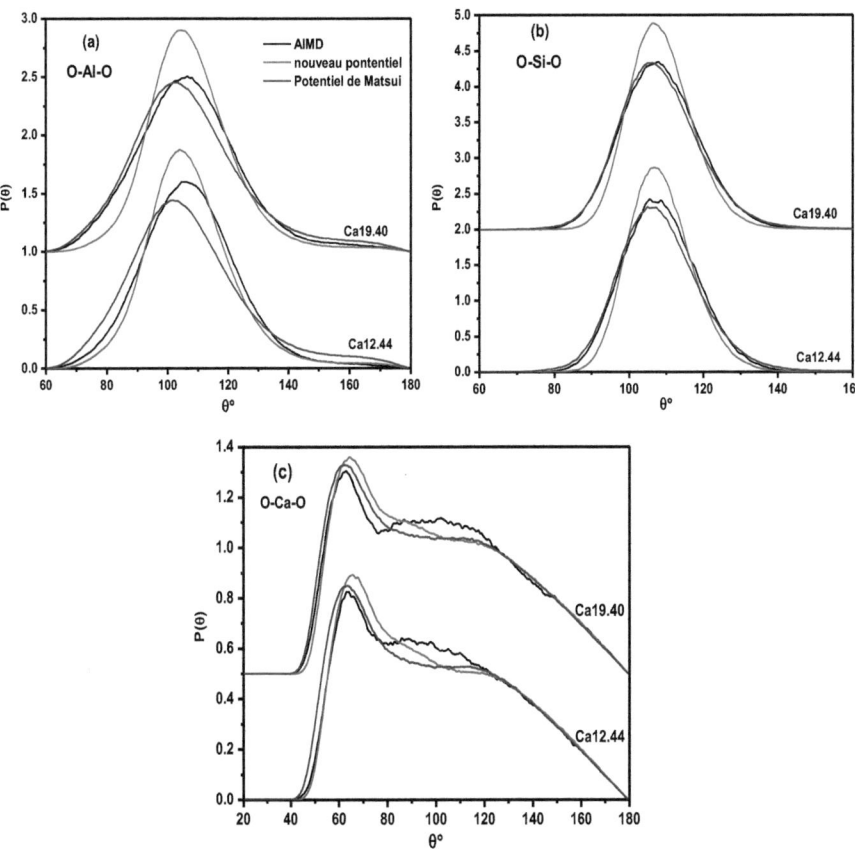

Figure III.9 : *Distributions angulaires de type (a) O-Al-O, (b) O-Sio et (c) O-Ca-O à la température T = 2000 K*

La distribution angulaire O-Ca-O quant à elle possède un pic principal au voisinage de 65° et une distribution très large au-delà de 80°. Elle est compatible avec une superposition d'une symétrie cubique avec les angles spécifiques voisins de 70.5°, 109.5° et 141° et d'une symétrie octaédrique avec un angle de 90°. Bien entendu, la distribution large des angles de liaison (et des nombres de coordination) montre le caractère désordonné et distordu de l'environnement local autour de Ca. Nous avons montré ci-dessus que les systèmes Ca12.44 et Ca19.40 sont essentiellement formés d'un réseau de tétraèdres AlO$_4$ et SiO$_4$. L'orientation de ces tétraèdres entre eux fournit une information sur l'organisation globale de ce réseau et les liens inter-tétraèdres. Les tétraèdres AlO$_4$ sont majoritaires pour ces deux compositions et forment l'essentiel du réseau, les tétraèdres SiO$_4$ y sont simplement insérés uniformément. Cela correspond bien au modèle construit à partir d'observations expérimentales [Wu & al., 1999] pour différentes compositions et également aux résultats obtenu par simulation de dynamique moléculaire pour le binaire AS [Winkler & al., 2004].

	AIMD	Nouveau	Matsui
	Ca 12.44		
r_{Al-O} (Å)	1.75	1.74	1.71
r_{Ca-O} (Å)	2.30	2.30	2.35
r_{Si-O} (Å)	1.63	1.61	1.60
r_{O-O} (Å)	2.76	2.79	2.84
θ_{O-Al-O}	105.7°	104.1°	101.6°
θ_{O-Ca-O}	63.5°	65.5°	63.3°
θ_{O-Si-O}	106.8°	106.8°	106°
CN_{Al-O}	4.05	4.08	4.18
CN_{Ca-O}	6.00	6.62	7.15
CN_{Si-O}	4.00	4.00	4.01
	Ca 19.40		
r_{Al-O} (Å)	1.75	1.74	1.71
r_{Ca-O} (Å)	2.32	2.30	2.36
r_{Si-O} (Å)	1.63	1.61	1.60
r_{O-O} (Å)	2.74	2.76	2.76
θ_{O-Al-O}	106.4°	104.5°	102.6°
θ_{O-Ca-O}	63°	64.4°	62.3°
θ_{O-Si-O}	107°	106.8°	105.7°
CN_{Al-O}	4.10	4.06	4.15
CN_{Ca-O}	6.24	6.51	6.97
CN_{Si-O}	4.00	4.00	4.01

Tableau III.3: *Paramètres structuraux pour Ca12.44 et Ca19.44 à T = 2000 K, la liaison r_{i-O}, les angles θ-i-θ et le nombre de coordination moyen CN_{i-O}, pour i = Al, Si, Ca et O.*

Les distributions angulaires Al-O-Al et Si-O-Al obtenues avec les deux potentiels sont tracées dans la Figure III.10 et comparées aux résultats de dynamique moléculaire *ab initio*. La distribution Si-O-Si n'est pas considérée pour ces deux compositions car les tétraèdres SiO_4 ne sont pas en nombre suffisant pour être en contact avec une statistique significative. Les distributions Al-O-Al et Si-O-Al possèdent un pic principal centré sur 125° et 135° respectivement. Ces angles sont proches de ceux déduits expérimentalement [Wu & *al.*, 1999] pour différentes compositions de CAS et obtenus par simulation de dynamique moléculaire *ab initio* [Benoit & *al.*, 2001 ; Ganster, 2005] pour une composition spécifique $(SiO_2)_{0.67}$-$(Al_2O_3)_{0.12}$-$(CaO)_{0.21}$. Les deux distributions possèdent également un pic secondaire au voisinage de 90° à 100° qui correspondent à la présence d'oxygènes tri-coordonnés et/ou à la présence de tétraèdres voisins qui ont une arrête en commun (cf. Figure III.11).

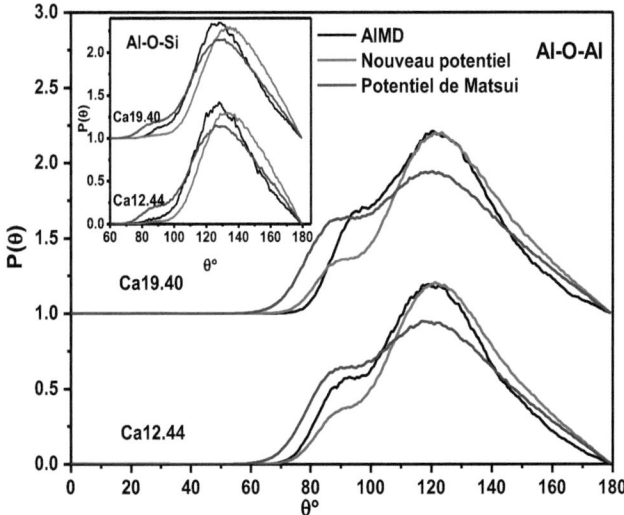

Figure III.10 : *Fonctions de distributions angulaires Al-O-Al. Encart : distributions Al-O-Si à la température T = 2000 K.*

Chapitre IV : Propriétés structurales des verres CAS

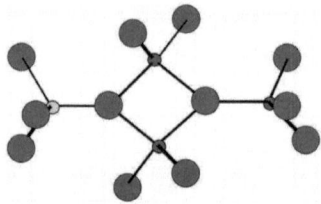

Figure III.11: *Schéma montrant la formation de deux oxygènes tri-coordonnés (triclusters) Al-O-Al et Al-O-Si. Les grandes sphères sont les oxygènes, les petites sphères grises sont les Al et les petites sphères noires sont les Si.*

Le pic principal de la distribution Al-O-Al est très bien reproduit par le nouveau potentiel par rapport aux résultats *ab initio*, Le pic secondaire se trouve aux mêmes angles mais il est sous-estimé par le nouveau potentiel. Ceci conduit à un nombre d'entités AlO_5 un peu moins élevé, comme on peut le constater dans le tableau III.3. En revanche, la version originale du potentiel conduit à une distribution plus étalée et décalée vers des angles plus faibles, en particulier pour le pic secondaire. Il en résulte un nombre d'entités AlO_5 bien trop élevé. Pour la distribution Si-O-Al, le potentiel original a un pic principal bien positionné, contrairement au nouveau potentiel qui conduit à un décalage vers des angles plus élevés. Néanmoins, encore une fois, le potentiel original donne lieu à un pic secondaire trop étalé et par conséquent un nombre d'entités AlO_5 surestimé. Une bonne description des entités structurales NBO, TBO et AlO_5 a été obtenue avec le nouveau potentiel. Nous avons montré récemment qu'il très important qu'elles soient correctement décrites car elles ont un impact important sur les propriétés dynamiques [Bouhadja & *al.*, 2013]. Cela sera examiné en détail dans le chapitre IV.

	AIMD		Nouveau potentiel		Potentiel de Matsui	
	\multicolumn{6}{c}{Ca 12.44}					
	2000 K	1600 K	2000 K	1600 K	2000 K	1600 K
NBO (%)	12	10.5	11.4	10.9	14.7	14.2
TBO (%)	14.1	12.2	14.9	12.5	21.9	18
AlO_5 (%)	4.42	2.39	3.67	1.94	8.40	4.2
	\multicolumn{6}{c}{Ca 19.40}					
NBO (%)	12	9.1	11.3	8.5	13	12.2
TBO (%)	14.2	10.7	13	10.4	20.5	16
AlO_5 (%)	3.29	1.72	2.78	0.64	7.02	3.43

Tableau III.4 *Paramètres structuraux pour les compositions Ca12.44 et Ca19.40, les longueurs de la liaison r_{i-O}, les angles θ_{O-i-O}, le nombre de coordination moyen CN_{i-O} (i=Al, Ca, Si) et le pourcentage de coordination de Al avec 5 atomes O.*

III.3 Evolution de l'ordre local avec la température et la composition

III.3.1 Réseaux tétraédriques

La section précédente a permis de montrer que les modifications apportées au potentiel de Matsui [Matsui, 1994] donnent lieu à une amélioration nette d'un grand nombre de propriétés structurales par rapport à l'expérience et aux simulations AIMD pour les compositions Ca12.44 et Ca19.40, ainsi qu'une prédiction correcte des températures de transition vitreuse pour les trois joints. L'analyse des propriétés structurales en fonction de la composition et de la température dans la suite du chapitre est réalisée exclusivement avec ce potentiel.

Dans un premier temps, les Figures III.12(a) à (f) permettent de visualiser directement les configurations extraites des simulations et d'examiner leur évolution en fonction de la concentration en silice pour le joint $R = 1$ à la température de 2000 K. Les images ont été réalisées avec le logiciel Visual Molecular Dynamics (VMD) [Humphrey & *al.*, 1996]. Pour la composition Ca0.50, avec 0 % de SiO_2, les tétraèdres AlO_4 sont très majoritairement connecté les uns aux autres par des oxygènes pontant (BO). Les atomes de calcium s'insèrent dans le réseau AlO_4 et créent des oxygènes non pontant (NBO).

Lorsque la teneur en silice est progressivement augmentée à 12% puis à 19%, des tétraèdres SiO_4 s'insèrent de façon aléatoire et homogène dans le réseau formé par les tétraèdres AlO_4 et il n'y a que très peu de de SiO_4 voisins. A 33% de silice la situation change puisque le nombre de tétraèdres SiO_4 est suffisant pour développer de nombreuse liaison Si-O-Si et ainsi 80% des tétraèdres SiO_4 sont connectés entre eux. A 50% de silice, le réseau tétraédrique est formé d'un mélange homogène et à part égale d'AlO_4 et de SiO_4, ces derniers étant, pour la très grande majorité, connectés. A 76% de silice, la situation est inversée par rapport à 12 et 19% car le réseau de tétraèdre SiO_4 est bien établi et les AlO_4 sont insérés de façon aléatoire et homogène. Nous constatons que cette observation du remplacement progressif du réseau d'AlO_4 par des SiO_4 évolue peu avec la température quel que soit la composition.

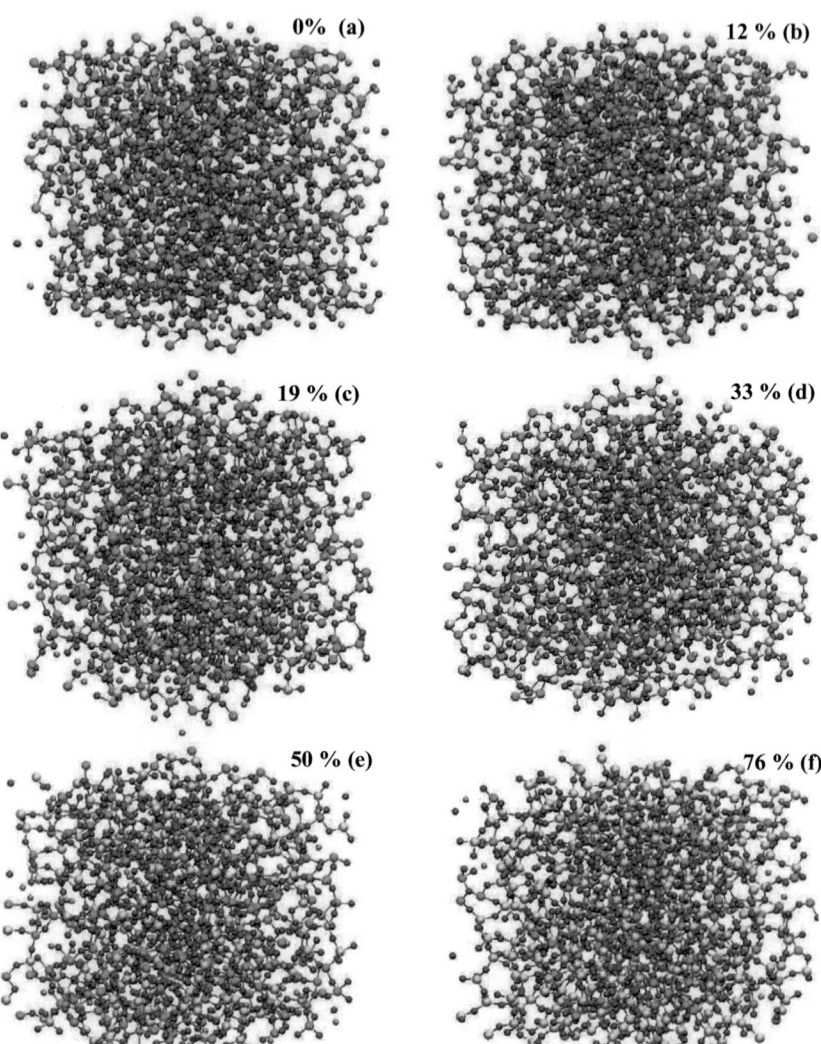

Figure III.12 : *Visualisation par VMD* [Humphrey & al., 1996] *d'une configuration simulée des systèmes CAS pour les compositions du joint R = 1 à la température de 2000 K. Les atomes bleus : Ca, rouges : O, verts : Al, et jaunes : Si.*

Le principe d'évitement de Lövenstein [Benoit & al., 2001] qui veut que pour des compositions à faible teneur en alumine, il n'y a pas de connections O-Al-O n'est pas vérifié pour les compositions à 76% et 77% de silice étudiées ici car nous observons des liens Al-O-Al. Pour des compositions avec une teneur encore plus faible, il y a une probabilité non négligeable qu'il n'y ait pas de liaisons Al-O-Al mais uniquement pour des raisons purement statistiques, les tétraèdres AlO_4 étant distribués aléatoirement et de façon homogène. Notons d'ailleurs que ce principe s'applique tout aussi bien à la silice pour des compositions avec une teneur de l'ordre de 10% de SiO_2. En effet, nous n'observons dans ces cas-là que très rarement des liens Si-O-Si.

La Figure III.13 représente la visualisation des configurations extraites des simulations à la température de 2000 K pour le joint $R = 1.57$ avec 10% et 77% de silice et pour le joint $R = 3$ avec 10% et 68% de silice. La situation montrée pour ces deux joints est différente. Le rapport de concentration CaO/Al_2O_3 est déséquilibré en charge, un cation Ca ne compensant pas exactement deux anions Al. Il en résulte un excès de Ca pour $R = 1.57$ qui est encore plus important pour $R = 3$. Comme on peut le constater sur la Figure III.13 (a) et (c), pour $R = 1.57$ et 3 à 10 %, contrairement à $R = 1$, un grand nombre de tétraèdres AlO_4 et SiO_4 sont isolés dans le système ou forment de petits ilots où ils sont connectés. Lorsque la teneur en silice augmente et donc le nombre de Ca diminue le réseau se reconnecte partiellement pour $R = 1.57$. En revanche pour $R = 3$, même à 68% de silice, le réseau reste assez morcelé. Par ailleurs, en particulier pour $R = 3$, un nombre important d'atomes d'oxygène ne participent pas à la formation des tétraèdres AlO_4 et SiO_4 et forment une liaison avec des atomes Ca uniquement. Pour ces deux joints, on peut d'ores et déjà dire que le nombre d'oxygènes non-pontant est plus important que pour le joint $R = 1$, comme nous le verrons dans la suite de ce chapitre de façon quantitative.

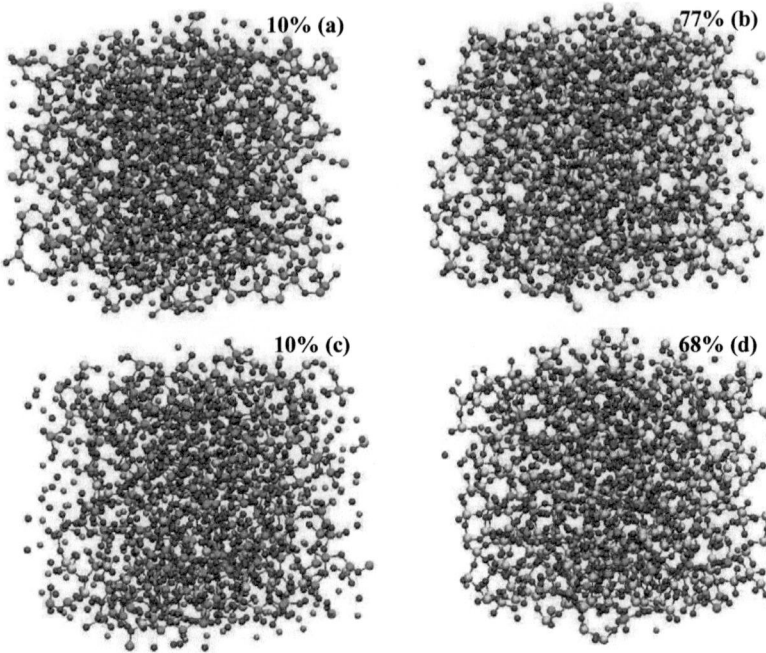

Figure III.13 : *Visualisation par VMD* [Humphrey & al., 1996] *d'une configuration simulée des systèmes CAS pour les compositions du joint R = 1.57 (a) et (b) et 3 ((c) et (d) à la température de 2000 K. Les atomes bleus : Ca, rouges : O, verts : Al, et jaunes : Si.*

III.3.2 Fonctions de corrélation partielles

Dans cette partie, nous analysons l'évolution des fonctions de corrélation de paires partielles Si-O, Al-O, Ca-O et O-O, en fonction de la concentration en silice à 2000 K pour le joint $R = 1$. L'évolution en fonction de la température sera examinée indirectement au travers de l'évolution des entités structurales NBO, TBO et AlO_5.

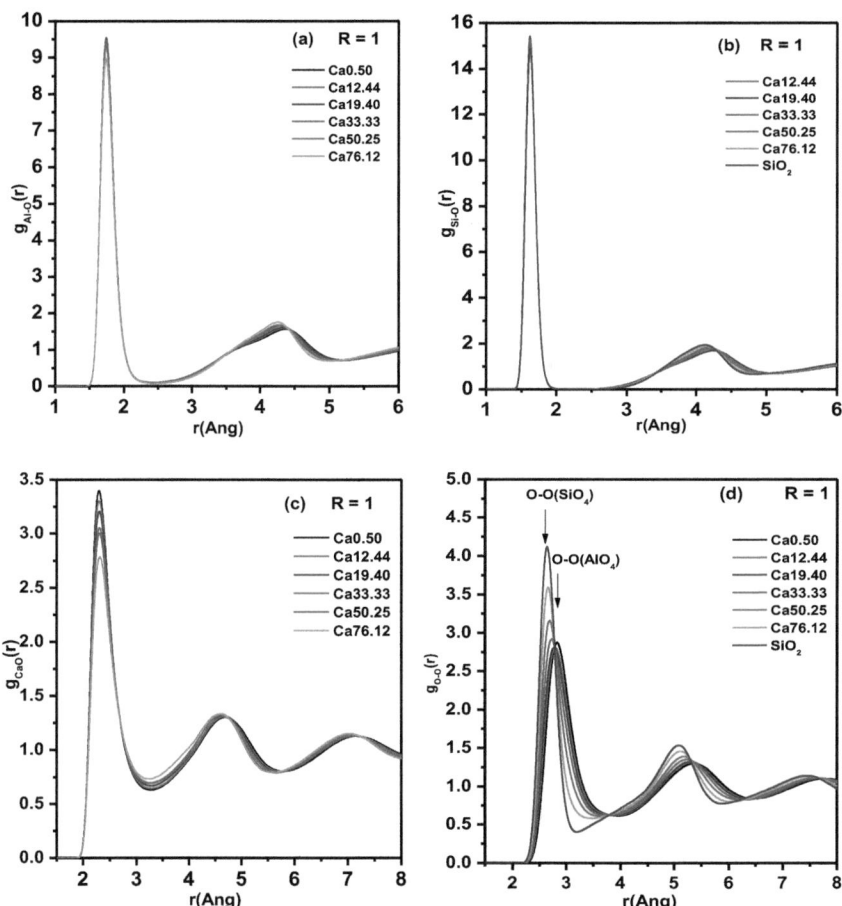

Figure III.14 : *Fonctions de corrélation de paires partielles (a) Si-O, (b) Al-O, (c) Ca-O et (d) O-O à la température de 2000 K pour les compotions $R = 1$.*

Pour les trois $g(r)$ partiels Si-O, Al-O, Ca-O, la position du premier pic, qui correspond à la distance de liaison moyenne, ne change pratiquement pas, quelle que soit la composition (voir Tableau III.5). Pour Si-O, ce pic est très bien défini (très étroit et intense), montrant la nature forte de la liaison covalente Si-O. Par ailleurs, les fonctions $g_{SiO}(r)$ sont quasiment nulles pour des distances comprises entre 2 et 2.5 Å, montrant que la rupture de la liaison Si-O est assez rare et donc que les tétraèdres SiO_4 sont robustes. Les fonctions $g_{AlO}(r)$ sont assez similaires, mais avec un premier pic moins intense et plus large par rapport à Si-O, avec un premier minimum non nul. Ceci indique que la liaison covalente Al-O est moins forte que celle de Si-O, et que par conséquent la liaison Al-O est plus flexible et peut conduire à l'existence d'entités AlO_3 et AlO_5 sous l'influence d'un modificateur de réseau comme Ca. Les fonctions $g_{CaO}(r)$ ont une forme qui s'apparente davantage à celle d'un liquide simple avec un premier minimum ayant une amplitude allant de 0,5 à 0,7 avec l'augmentation de la concentration en silice. Ceci est révélateur d'une rupture possible de la liaison Ca-O avec une probabilité significative. Comme la très grande majorité des atomes d'oxygène se trouvent attachés aux tétraèdres SiO_4 et AlO_4, cela peut être une indication que les atomes de Ca ont la capacité de diffuser dans le réseau tétraédrique plus facilement.

L'évolution du premier pic de la fonction $g_{OO}(r)$ donne des informations sur les corrélations O-O intra- et inter-tétraèdres. Contrairement aux trois autres fonctions de corrélation de paires, la position du premier pic se décale vers les petites valeurs de r avec l'augmentation de la concentration en silice. Elle passe de 2,82 Å pour Ca0.50, proche de la distance O-O dans les tétraèdres AlO_4 à 2,65Å caractéristique de la distance O-O dans les tétraèdres SiO_4. Celle évolution montre le remplacement progressif des tétraèdres AlO_4 par des SiO_4 avec l'ajout de silice. Le premier pic devient plus intense et moins large, cependant son intensité passe par un minimum pour la composition à 33 % de silice. Ce comportement est également observé pour les joints $R=1,57$ et 3 avec une intensité du premier pic qui passe par un minimum aux alentours de 20 %.

Les évolutions les plus importantes sur les $g(r)$ partiels avec la composition en silice se trouvent à des distances au-delà de 3,5 Å, en particulier pour les fonctions $g_{SiO}(r)$, $g_{AlO}(r)$ et $g_{OO}(r)$ caractéristiques d'une modification de l'ordre à moyenne distance du réseau tétraédrique. Ce dernier sera examiné dans la section III.4 de ce chapitre. Les joints $R = 1,57$ et 3, montrent au niveau de ces quatre $g(r)$ partiels une situation similaire.

La Figure III.15 montre la variation du nombre de coordination moyen autour des atomes de Al et Ca en fonction de la température depuis le liquide à haute température (4000 K) jusqu'au verre à 300 K et ceci pour toutes les concentrations de silice allant de 0% à 76% pour R = 1. Comme le montre le Tableau III.5, le nombre de coordination moyen autour de Si est 4.00 quelle que soit la concentration de silice et la température du système, il n'est donc pas tracé. La Figure III.15 (a) montre que le nombre de coordination Al-O moyen décroit avec la température pour toutes les compositions et se stabilise à des valeurs très proches de 4 à partir de la température de transition vitreuse, ce qui montre un renforcement du réseau tétraédrique lorsque la température approche la transition vitreuse. La courbe montre également que plus la teneur en silice diminue plus le nombre de coordination Al-O s'écarte de 4 et devient maximum pour Ca0.50, ce qui révèle la présence d'aluminium avec une coordination supérieure à 4, à savoir des entités AlO_5. Ce comportement reste valable quelle que soit la température et il est conjoint à l'augmentation de concentration en atomes de calcium qui jouent le rôle de modificateur de réseau. Le nombre de coordination moyen autour des atomes Ca est tracé dans la Figure III.15(b). Une diminution est également observée avec la température, avec une stabilisation au voisinage de la température de transition vitreuse. Les courbes montrent également une diminution de la coordination Ca-O avec l'augmentation de la concentration en silice. Au-dessus du point de fusion expérimental les coordinations se trouvent entre 6,25 et 6,7 et diminuent dans le verre dans une fourchette de 5,8 et 6.2, qui sont cohérentes avec les valeurs publiées dans la littérature [Cristiglio & *al.*, 2010 ; Cormier & *al.*, 2005, Cormier & *al.*, 2003].

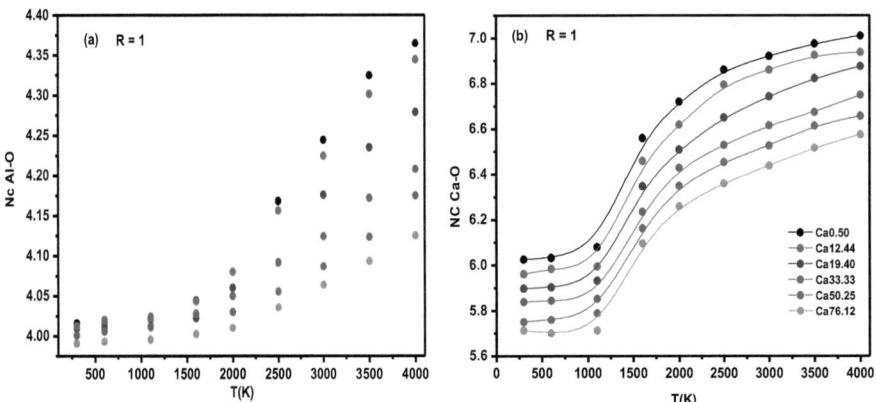

Figure III.15: *Nombre de coordination moyen (a) Al-O et (b) Ca-O pour les compositions du joint R= 1.*

Chapitre IV : Propriétés structurales des verres CAS

La Figure III.16 montre la variation du nombre de coordination moyen autour des atomes de Al et Ca en fonction de la température comme précédemment mais pour $R = 1{,}57$ et $R = 3$. Les deux joints montrent la même évolution que pour le joint $R = 1$ en fonction de la température et de la concentration silice, avec peu d'évolution pour le nombre de coordination Ca-O et une légère diminution pour Al-O quand R augmente.

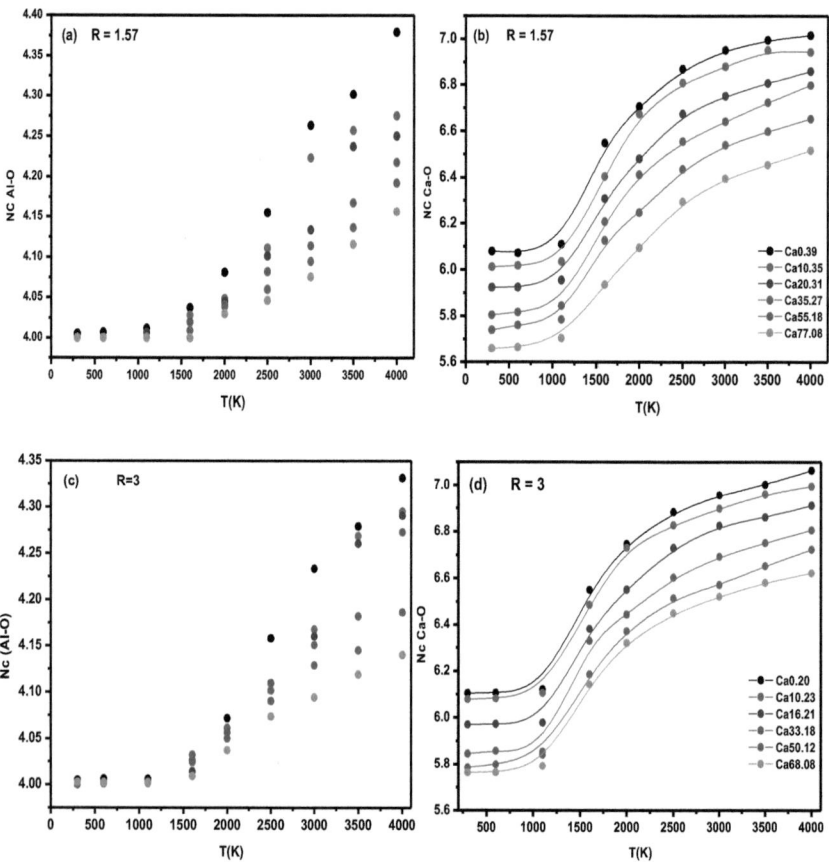

Figure III.16: *Nombre de coordination moyen pour (a) Al-O et (b) Ca-O pour les compositions du joint $R = 1{,}57$ ainsi que (c) Al-O, (d) Ca-O pour les compositions du joint $R = 3$.*

R=1	Ca 0.50	Ca 12.44	Ca19.40	Ca33.33	Ca50.25	Ca76.12
r_{Al-O} (Å)	1.73	1.74	1.74	1.73	1.73	1.73
r_{Ca-O} (Å)	2.29	2.30	2.30	2.30	2.30	2.31
r_{Si-O} (Å)	-	1.61	1.61	1.61	1.61	1.61
r_{O-O} (Å)	2.82	2.79	2.76	2.72	2.68	2.65
r_{O-O} (Å) (AlO_4)	2.73	2.74	2.74	2.73	2.73	2.73
r_{O-O} (Å) (SiO_4)	-	2.58	2.58	2.58	2.58	2.58
θ_{O-Al-O}	104.1°	104.1	104.5°	104.5°	104.5°	104.5°
θ_{O-Ca-O}	66.2°	65.5°	64.4°	64°	64°	59.3°
θ_{O-Si-O}	-	106.8°	106.8°	107°	106.7°	106.9°
θ_{O-O-O}	56.4°	56.84°	57.25°	57.6°	58°	58.2°
Nc Al-O	4.08	4.08	4.06	4.05	4.02	4.01
Nc Ca-O	6.72	6.62	6.51	6.43	6.35	6.21
Nc Si-O	-	4.00	4.00	4.00	4.00	4.00

Figure III.5: Propriétés structurales pour les compositions du joint $R=1$ à la température de 2000 K.

III.3.3 Entités structurales NBO, TBO et AlO_5

L'oxygène est l'élément le plus abondant dans les CAS (cf Tableau III.1). Comme nous l'avons précisé dans le chapitre I, il peut se trouver dans plusieurs situations comme pontant (BO) liant les tétraèdres AlO_4 et SiO_4 par leurs sommets, non-pontant (NBO) se trouvant dans un tétraèdre AlO_4 ou SiO_4 en lien avec un ou plusieurs atomes de Ca, lié à un atome de Ca sans faire partie d'un tétraèdre, ou libre sous forme moléculaire. Ce dernier cas n'a pas été observé dans nos simulations. La présence d'oxygène non-pontant est une des caractéristiques connue pour influencer de façon importante les propriétés dynamiques des liquides CAS [Cormier & al., 2005; Stebbins & Xu, 1997], il est donc important de les étudier. La Figure III.17 montre l'évolution de la proportion des NBO, en référence au nombre total d'oxygènes, en fonction de la température et la concentration en silice pour les trois joints.

La Figure III.17(a), qui concerne le joint $R = 1$, montre une décroissance de la proportion des NBO avec la température dans le liquide et le surfondu et se stabilise dans le verre quelle que soit la composition. Cette décroissance se fait au profit de BO montrant une reconnexion des tétraèdres. L'évolution des NBO en fonction de la composition dans le verre à 300 K montre avec l'augmentation de la teneur en silice une décroissance qui est faible dans un premier temps jusqu'à 19% puis plus importante à partir du Ca33.33. De 0 à 76 % de silice le nombre de NBO passe de 11.5% à 3.5%.

Chapitre IV : Propriétés structurales des verres CAS

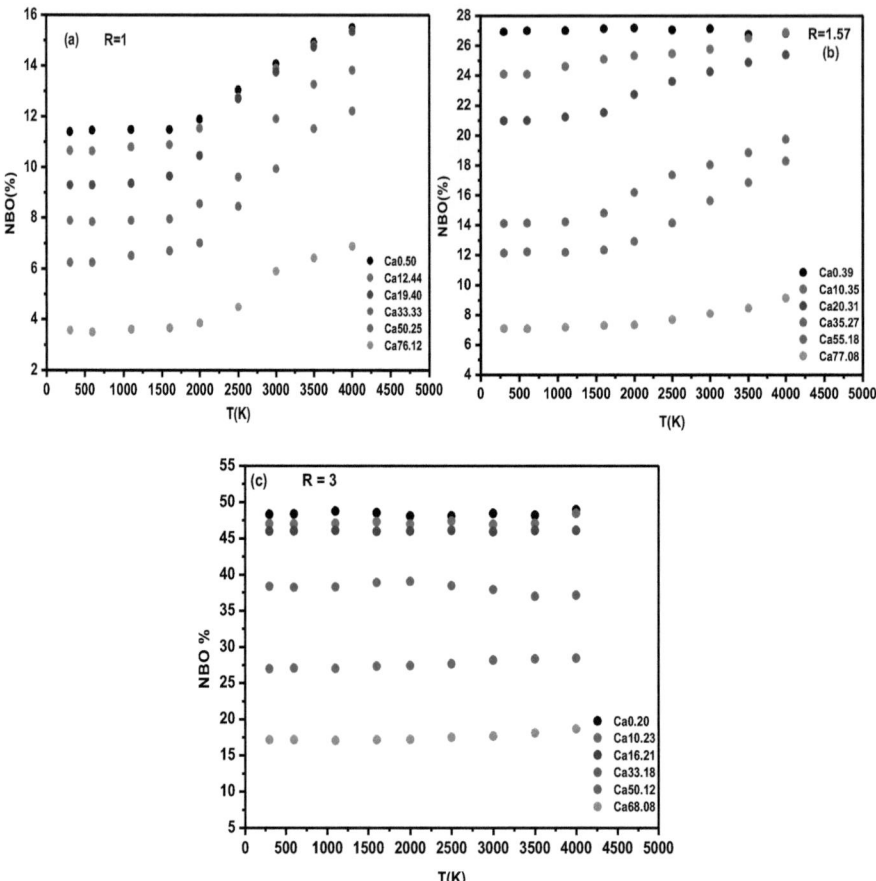

Figure III.17 *Pourcentages de NBO en fonction de la température pour les compositions du joint, (a) R = 1, (b) R = 1.57 et (c) R = 3.*

La Figure III.17(b) montre l'évolution des NBO pour le joint $R = 1,57$. La même décroissance avec la température que pour le joint $R = 1$ est observé mais avec un nombre de NBO plus important puisque leur proportion passe de 27 % à 10 % dans tout le domaine de concentrations. Notons la particularité de la composition Ca0.39 pour laquelle il n'y a pas de variation des NBO, ce qui est très probablement dû au fait que la proportion en Ca est trop forte et empêche la reconnexion du réseau lors de la diminution de la température.

La Figure III.17(c) montre les résultats pour le joint $R = 3$. Dans ce cas aucune évolution des NBO ne se produit avec la température quelle que soit la composition. La même cause peut être invoquée que pour la composition Ca0.39 sur le joint $R = 1,57$. Le nombre de NBO décroit également avec l'augmentation de la teneur en silice avec une proportion encore plus importante que pour les deux autres joints et qui passe de 48 % à 16 % dans tout le domaine de concentrations.

La Figure III.17 montre l'effet du calcium en tant que modificateur de réseau, puisqu'à composition de silice constante le nombre de NBO augmente toujours avec la proportion de calcium. D'autre part, les NBO diminuent toujours avec l'augmentation de la concentration en silice. Cet effet est essentiellement dû à la diminution de la concentration en aluminium qui est progressivement remplacé par le silicium dans le réseau tétraédrique. Comme la liaison chimique Si-O est très forte, elle est difficilement concurrencée par la liaison Ca-O, le calcium jouant ainsi moins bien son rôle de modificateur de réseau.

Examinons à présent l'évolution des TBO (tricluster) et des AlO5. Comme nous l'avons exposé au chapitre I, les mécanismes intervenant dans la formation de NBO pour des verres CAS sur le joint $R = 1$ avec des compositions fortes en silice [Stebbins & Xu, 1997] font intervenir ces deux entités. Un premier mécanisme concerne la production de NBO à partir de deux BO par l'interaction avec un Ca qui joue son rôle de modificateur. Cette réaction est aussi à l'origine de la formation de TBO (tricluster) (cf. Figure I.14 du chapitre I). Un second mécanisme concerne la réaction de consommation de NBO pour produire des AlO$_5$ [Jakse & al., 2012; Stebbins et al., 1999].

Les Figures III.18 (a), (b) et (c) montrent l'évolution des TBO en fonction de la température pour toutes les compositions et les trois joints. Leur évolution est similaire à celle des NBO en température et en composition. Pour le joint $R = 1$ les proportions sont proches des NBO montrant une corrélation entre ces deux entités, en revanche pour les deux autres joints les TBO sont nettement moins nombreux que les NBO et diminuent quand R augmente, alors que les NBO augmentent. Notons que les TBO qui sont formés sont en grande majorité de type O-3Al et O-2AlSi. Ils ne font quasiment jamais intervenir deux ou trois siliciums, comme le montre le Tableau III.5.

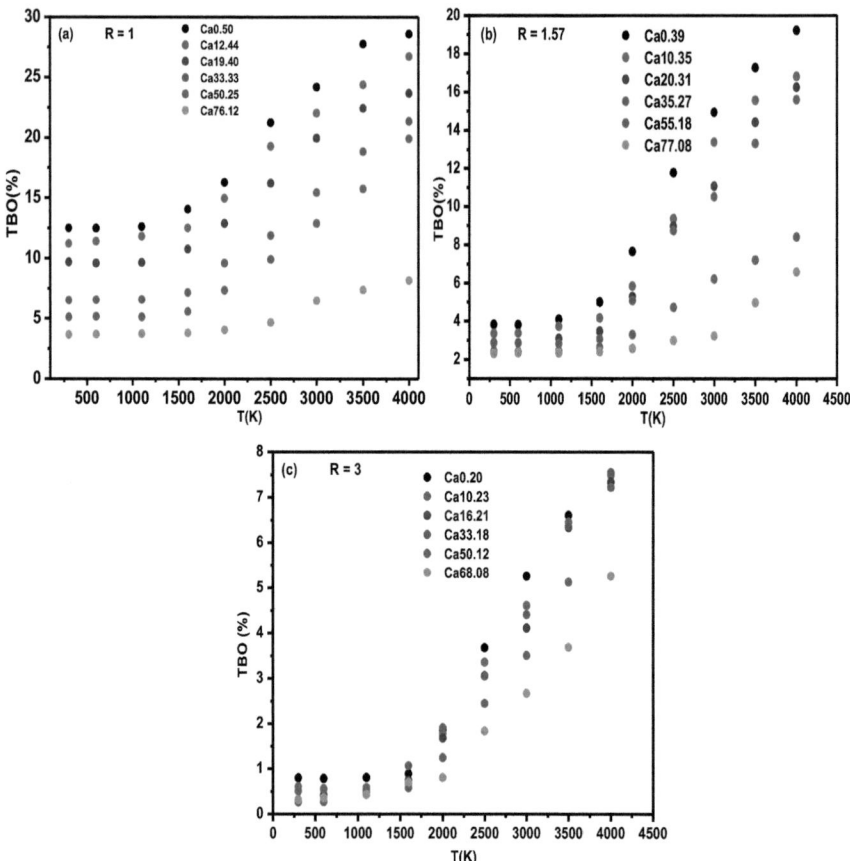

Figure III.18 : *Pourcentages des TBO en fonction de la température pour les compositions des joints, (a) R = 1, (b) R = 1.57 et (c) R = 3.*

Les Figures III.19 (a), (b) et (c) montrent l'évolution des AlO_5 en fonction de la température pour toutes les compositions et les trois joints. La proportion des AlO_5 est importante dans le liquide à haute température et décroit rapidement jusqu'à la température de transition vitreuse. Dans le verre, leur proportion se stabilise et prend des valeurs faibles, les valeurs les plus grandes étant pour le joint $R = 1$ et sont compatibles avec les valeurs trouvées par d'autres simulations [Jakse & *al.*, 2012 ; Cormier & *al.*, 2003] pour les compositions Ca12.44 et Ca76.11. Comme pour les deux autres entités, une diminution des AlO_5 a lieu avec l'augmentation de la composition en silice.

Chapitre IV : Propriétés structurales des verres CAS

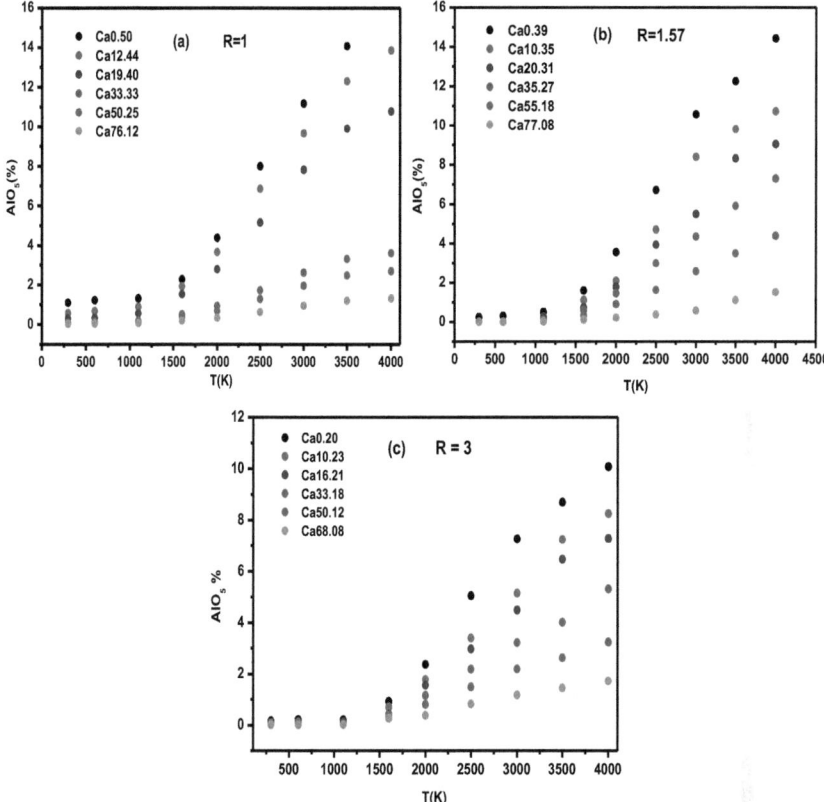

Figure III.19 : *Pourcentages des AlO_5 en fonction de la température pour les compositions du joint, (a) R = 1, (b) R = 1,57 et (c) R = 3. Ces proportions sont déterminées par rapport au nombre total d'oxygène.*

Les Tableaux III.6, 7 et 8 montrent les proportions des NBO, TBO, AlO_5 et SiO_5 pour les trois joints dans le verre à la température de 300 K et 2000 K dans le liquide. En ce qui concerne le joint $R = 1$, les valeurs indiquent clairement que la formation des NBO sous l'action des Ca conduit à la formation des TBO, en particulier pour les fortes teneurs en silice (supérieures ou égales à 33 %) où il y a une très bonne correspondance. Par ailleurs, pour ces concentrations la proportion des AlO_5 est très faible. Pour ces concentrations, la réaction de production proposée par Stebbins et Xu [Stebbins & Xu, 1997] semble être vérifiée. Pour les compositions inférieures à 33%, le nombre de TBO est supérieur à celui des NBO, ce qui

101

implique qu'une partie des NBO est consommée pour former les entités AlO$_5$, comme l'ont proposé Stebbins et al. [Stebbins et al., 1999] et que nous avons pu vérifier par dynamique moléculaire *ab initio* [Jakse & al., 2012]. Notons enfin que la formation de SiO$_5$ est très rare dans nos statistiques, ce qui implique que les réseaux de tétraèdres AlO$_4$ et SiO$_4$ ne jouent pas un rôle symétrique.

Pour les deux autres joints, la situation est très différente. Le réseau tétraédrique n'est pas continu et montre des fragments de chaines de différentes tailles ainsi que des tétraèdres isolés. Ceci a pour conséquence la présence de NBO en très grand nombre et une formation de TBO en moins grand nombre. Pour les deux joints, la formation des TBO conjointe aux NBO ne suit que partiellement la réaction de Stebbins et Xu [Stebbins & Xu, 1997]. Par ailleurs, très peu d'AlO$_5$ se forment pour ces compositions dans le verre.

300 K						
R=1	NBO	TBO				AlO$_5$	SiO$_5$
		3Al	2AlSi	Al2Si	3Si		
Ca0.50	11.4	12.5	-	-	-	1.10	-
Ca12.44	10.66	10.68	0.53	0	0	0.58	0
Ca19.40	9.29	8.52	1.16	0	0	0.303	0
Ca33.33	7.9	4.57	2.17	0	0	0.10	0
Ca50.25	6.25	3.56	2.73	0.50	0	0.075	0
Ca76.12	3.75	0.75	2.41	0.49	0	0.037	0
2000 K						
R=1	NBO	TBO				AlO$_5$	SiO$_5$
		3Al	2AlSi	Al2Si	3Si		
Ca0.50	11.89	16.27	-	-	-	4.38	-
Ca12.44	11.54	13.63	1.3	0.011	0	3.67	0.011
Ca19.40	10.46	10.73	2.07	0.042	0	2.78	0.014
Ca33.33	8.55	6.01	3.43	0.15	0	0.93	0.016
Ca50.25	7.01	2.03	4.25	1.03	0.03	0.69	0.026
Ca76.12	3.84	1.09	2.35	0.6	0.005	0.33	0.032

Tableau III.6 : Pourcentages des entités structurales NBO, TBO, AlO$_5$ et SiO$_5$ pour les compositions R =1 à la température de 300 K et 2000 K.

		300 K					
R=1,57	NBO	TBO				AlO_5	SiO_5
		3Al	2AlSi	Al2Si	3Si		
Ca0.39	26.93	3.84	-	-	-	0.2402	-
Ca10.35	24.1	3.41	0	0	0	0.01739	0
Ca20.31	21	2.7	0.218	0	0	0.01014	0
Ca35.27	14.12	2.62	0.93	0	0	0.00428	0
Ca55.18	12.15	0.79	1.17	0.29	0	0.00905	0
Ca77.08	7.1	0.15	2.00	0.185	0	0.00107	0
		2000 K					
R=1,57	NBO	TBO				AlO_5	SiO_5
		3Al	2AlSi	Al2Si	3Si		
Ca0.39	27.2	7.66	-	-	-	3.55	-
Ca10.35	25.33	5.35	0.5	0	0	2.1	0.0089
Ca20.31	22.75	4.34	1.16	0.033	0	1.79	0.01
Ca35.27	16.19	3.88	1.81	0.08	0	1.45	0.029
Ca55.18	12.93	1.51	1.61	0.14	0	0.9	0.036
Ca77.08	7.34	0.25	2.04	0.28	0.02	0.22	0.041

Tableau III.7 : *Pourcentages des entités structurales NBO, TBO, AlO_5 et SiO_5 pour les compositions R =1,57 à la température de 300 K et 2000 K.*

		300 K					
R=3	NBO	TBO				AlO_5	SiO_5
		3Al	2AlSi	Al2Si	3Si		
Ca0.20	48.32	0.79	-	-	-	0.16067	-
Ca10.23	47.04	0.89	0.11	0	0	0.08782	0
Ca16.21	46.02	0.21	0.1	0	0	0.03612	0
Ca33.18	38.38	0.2	0.1	0	0	0.02957	0
Ca50.12	27.01	0.2	0.4	0	0	0.02338	0
Ca76.12	17.13	0.29	0.58	0	0	0.01254	0
		2000 K					
R=3	NBO	TBO				AlO_5	SiO_5
		3Al	2AlSi	Al2Si	3Si		
Ca0.20	48.1	1.87	-	-	-	2.37	-
Ca10.23	47.01	1.51	0.27	0	0	1.78	0.0095
Ca16.21	46.06	1.28	0.37	0.021	0	1.55	0.031
Ca33.18	39.07	0.98	0.27	0.085	0	1.15	0.052
Ca50.12	27.44	0.34	0.8	0.13	0	0.80	0.085
Ca76.12	17.2	0.18	0.51	0.11	0.00	0.37	0.167

Tableau III.8 : *Pourcentages des entités structurales NBO, TBO, AlO_5 et SiO_5 pour les compositions R =3 à la température de 300 K et 2000 K.*

III.3 Ordre à moyenne portée

Comme nous l'avons vu plus haut dans ce chapitre, le facteur de structure total en diffraction de neutrons pour le joint $R = 1$ montre un premier pic de diffraction prononcé dont l'intensité augmente et la position se décale vers les petites valeurs du vecteur d'onde en position et en intensité, et donc montre une évolution de l'ordre à moyenne distance avec l'augmentation de la teneur en silice. Le potentiel d'interaction utilisé dans notre travail reproduit bien cette évolution (Figure III.4).

L'analyse de la statistique des anneaux est la méthode la plus courante pour révéler la nature et l'évolution d'un ordre à moyenne distance dans les verres d'oxyde. La Figure III.20(a) montre la distribution des anneaux (Al,Si)-O déterminée pour toutes les compositions du joint $R = 1$ dans le verre à 300 K. Ces distributions indiquent des tailles d'anneaux allant de $n = 2$ à 11 avec la taille $n = 7$ qui est prépondérante pour toutes les compositions. L'augmentation de la teneur en silice a clairement pour effet de diminuer la proportion des petites tailles d'anneaux ($2 \leq n \leq 5$) et d'augmenter la proportion des anneaux de grande taille ($6 \leq n \leq 10$). Ainsi globalement la taille des anneaux augmente ce qui est cohérent avec le décalage du FSDP vers les petites valeurs de q. Ainsi ces résultats semblent indiquer pour le joint $R = 1$ que la structure d'anneau peut-être à l'origine du FSDP.

La Figure III. 20(b) montre les distributions d'anneaux pour le joint $R = 1.57$. Un ordre à moyenne distance existe avec une structure d'anneau pour toutes les compositions. Les distributions montrent une tendance inverse avec une diminution de la taille des anneaux et avec un rétrécissement de la distribution quand la teneur en silice augmente, et donc un ordre à moyenne distance qui devient mieux défini. Pour le joint $R = 3$, notre étude statistique ne donne pas des résultats probants et indique que peu d'anneaux existent dans le verre. Les facteurs de structure montrés sur la Figure III.5(b) indiquent en effet que le FSDP est quasiment inexistant.

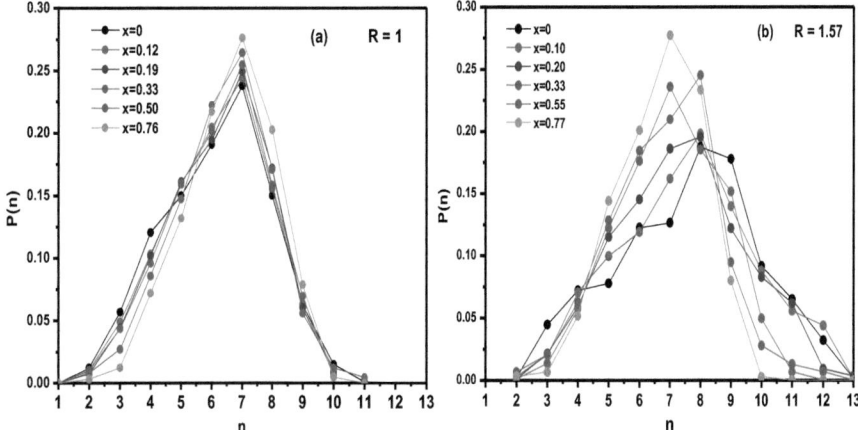

Figure III.20 Distribution des tailles d'anneaux pour les compositions sur les joints (a) $R = 1$ et (b) $R = 1.57$ à la température de 300 K.

$R = 1$	N	$R = 1.57$	N
Ca0.50	6.17	Ca0.39	7.57
Ca12.44	6.23	Ca10.35	7.57
Ca19.40	6.28	Ca20.31	7.38
Ca33.33	6.28	Ca35.27	7.09
Ca50.25	6.41	Ca55.18	7.01
Ca76.12	6.61	Ca0.39	6.71
SiO_2	6.73	SiO_2	6.73

Tableau III.9 : Taille moyenne des anneaux pour les compositions de joint $R = 1$ et 1.57 à la température de 300 K

Chapitre IV

Propriétés dynamiques des verres CAS

IV.1 Introduction

Dans ce chapitre nous abordons les propriétés dynamiques des verres CAS et nous l'avons décomposé en deux parties. La première consiste à étudier l'évolution de la fragilité dynamique au sens d'Angell [Angell, 1995] avec l'ajout de silice sur chacun des trois joints et d'établir une relation avec les caractéristiques structurales analysées au chapitre précédent. La fragilité sera déterminée de deux manières, l'une à partir de l'évolution du temps de relaxation structurale avec la température et l'autre à partir de la viscosité. Nous montrerons que ces deux quantités conduisent à des valeurs de fragilité très proches pour toutes les compositions considérées.

Dans la deuxième partie, nous poursuivrons l'analyse des propriétés dynamiques de façon plus détaillée sur le joint $R = 1$. Nous analyserons l'évolution des coefficients de diffusion total et partiels, la fonction de diffusion intermédiaire individuelle, le temps de relaxation structurale, la viscosité, dans le cadre de la théorie des couplages de modes. Nous tenterons d'établir une connexion entre la fragilité et la violation de la relation de Stokes–Einstein, révélatrice d'une hétérogénéité dynamique.

IV.2 Fragilité des verres CAS

IV.2.1 Relaxation structurale et diffusion

Examinons dans un premier temps la capacité du potentiel à prédire la fonction de diffusion intermédiaire, de laquelle seront déterminés les temps de relaxation structuraux (relaxation α), et les coefficients d'autodiffusion. La Figure IV.1(a) montre la fonction de diffusion intermédiaire $F_s(q,t)$ pour les compositions Ca0.50, Ca12.44 et Ca19.40 à la température $T = 2223$ K pour le vecteur d'onde $q = 1,9$ Å^{-1}, qui est proche de celui correspondant à la position du premier pic de diffraction du facteur de structure obtenu par diffraction de neutrons. Les courbes calculées par dynamique moléculaire sont comparées aux expériences [Hennet & al., 2013; Kozaily, 2012] réalisées justement dans le domaine temporel correspondant au régime de la relaxation α. Comme nous pouvons le voir sur la Figure IV.1 (a), le nouveau potentiel est en très bon accord avec les expériences pour les trois compositions. Aux temps plus courts typiquement inférieurs à 0.2 ps, les simulations montrent que la fonction de diffusion intermédiaire possède un comportement gaussien caractéristique du régime balistique. Ce dernier est immédiatement suivi par un ralentissement de la dynamique en raison de l'effet de cage avant d'entrer dans le régime diffusif de la relaxation α.

La Figure IV.1 (a) contient également les résultats du potentiel original [Matsui, 1994] qui à l'évidence ne montre pas d'effet de cage et qui s'amortit rapidement de façon exponentielle ($\sim exp[-t/\tau]$). Ceci est déjà une indication que la diffusion est trop grande avec ce potentiel, comme nous le verrons ci-dessous. Alors que les différences entre les deux potentiels sont relativement subtiles au niveau de la structure, pour les propriétés dynamiques il n'y a pas d'ambiguïté sur le fait que le potentiel original n'est pas capable de prédire correctement les propriétés dynamiques.

La Figure IV.1 (b) montre les temps de relaxation en fonction du vecteur d'onde q à la température $T = 2223$ K. Rappelons qu'ils sont déterminés à partir de la fonction de diffusion intermédiaire en utilisant la relation (I.7) du chapitre I. En comparant ceux-ci aux valeurs expérimentales [Hennet & al., 2013; Jad, 2012], une bonne description est obtenue dans tout le domaine de valeurs de q qui couvre à la fois l'ordre local ($q = 2,0$-$2,4$ Å^{-1}) et l'ordre à moyenne distance ($q = 1,2$-$1,9$ Å^{-1}). Dans toute la suite, nous conserverons la valeur $q = 1,9$ Å^{-1} tout en précisant que des résultats similaires sont obtenus pour les autres vecteurs d'ondes. Les résultats prédisent également correctement l'augmentation du temps de relaxation avec l'augmentation de la concentration en silice.

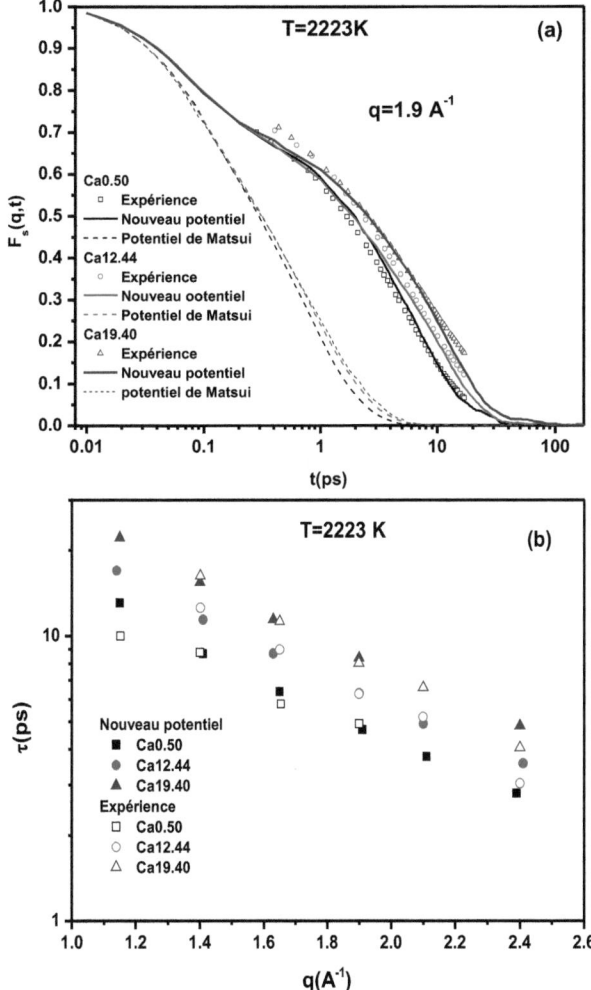

Figure IV.1 : *(a) Fonction de diffusion intermédiaire $F_S(q,t)$ en fonction du temps à $T = 2223$ K et $q = 1,9$ Å^{-1} pour les compositions Ca0.50 en noir, Ca12.44 en rouge et Ca19.40 en bleu. (b) Temps de relaxation structural τ en fonction de q à la température $T = 2223$ K. Les symboles pleins correspondent aux résultats DM et les symboles correspondent aux résultats expérimentaux [Hennet, 2012].*

La Figure IV.2 montre l'évolution des coefficients d'autodiffusions totales en fonction de l'inverse de la température. Rappelons que nous les avons déterminés à partir de la pente des déplacements quadratiques moyens aux temps longs (cf. Chapitre II). La comparaison avec les valeurs expérimentales [Hennet, 2012] pour les compositions Ca0.50, Ca12.44 et Ca19.40 montre que le nouveau potentiel prédit une diffusion en accord raisonnable avec les expériences, les valeurs simulées étant toutefois systématiquement plus élevées, de l'ordre de 30%. Les valeurs obtenues avec la version originale du potentiel donnent lieu à des valeurs en gros un ordre de grandeur plus élevées, confirmant les conclusions obtenues sur la base de la fonction de diffusion intermédiaire ci-dessus.

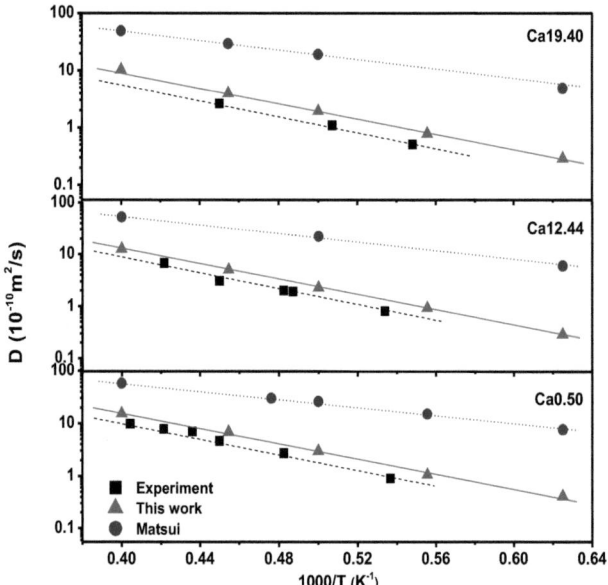

Figure IV.2: Coefficients d'autodiffusion totaux pour les compositions Ca0.50 (la courbe en bas), Ca12.44 (la courbe en milieu), Ca19.40 (la courbe en haut). Les rectangles noirs correspondent aux expériences [Hennet, 2012], les triangles rouges correspondent à la simulation DM avec le nouveau potentiel, les cercles bleus correspondent à la simulation DM avec le potentiel de Matsui [Matsui, 1994].

Les Figure IV.3 (a), (b) et (c) montrent le déplacement quadratique moyen en fonction du temps pour différentes concentrations de silice, à la température T = 2000 K, pour les joints R = 1, 1.57 et 3. Nous observons le phénomène suivant : aux temps courts, toutes les compositions ont un mouvement balistique. Le MSD diminue avec l'augmentation de la teneur en silice, l'effet de cage devient progressivement plus marqué et donc le régime diffusif est de plus en plus retardé dans le temps. Ainsi, quel que soit le joint, l'ajout de silice a pour effet de diminuer la diffusivité et donc de ralentir la dynamique.

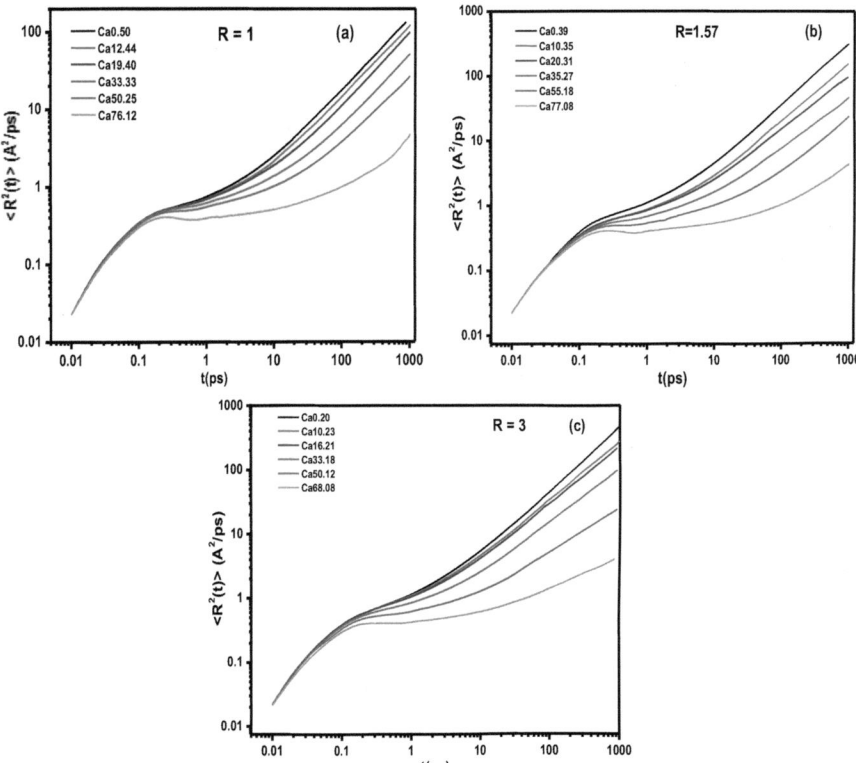

Figure IV.3 : *Déplacement quadratique moyen à la température de 2000 K pour les compositions des joints (a) R =1, (b) R = 1.57 et (c) R = 3.*

Il est intéressant d'examiner l'évolution des coefficients de diffusion partiels, c'est-à-dire de chacune des espèces chimiques dans le système. La Figure IV.4 (a) et (b) montre les coefficients de diffusion partiels et total respectivement pour les compositions Ca12.44 et Ca76.12 sur le joint R = 1. La diffusion partielle des d'atomes d'oxygène est proche de la diffusion totale pour les deux concentrations. A 12% en silice, les atomes Al et O sont représentatif de la diffusion totale, en revanche les atomes de silicium diffusent plus faiblement, par conséquent dans ce cas la diffusion est dominée par le réseau AlO_4. A 76 % de silice, la diffusion des atomes Al, Si et O est plus proche et plus basse qu'à 12%, montrant l'influence du silicium, le réseau tétraédrique étant majoritairement formé de SiO_4. Pour les deux compositions, les atomes de Ca ont une mobilité plus importante et diffusent à travers le réseau tétraédrique.

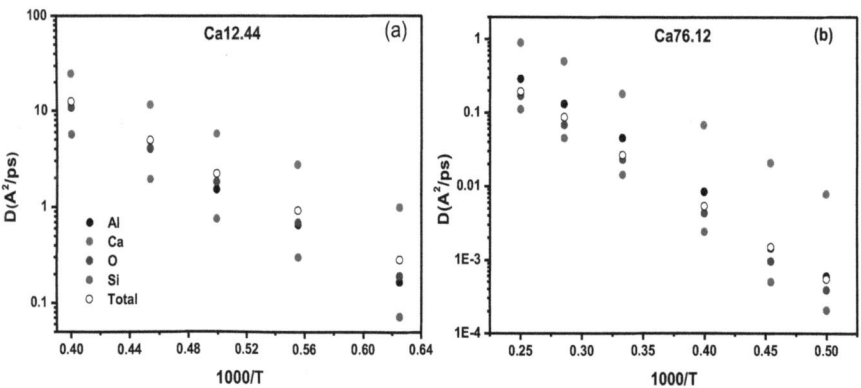

Figure IV.4 : **(a)** Evolution des coefficients de diffusion partiels en fonction de l'inverse de la température et comparée avec la diffusion totale sur le joint R = 1 (a) Ca12.44 et (b) Ca76.12.

La Figure IV.5 (a) montre l'évolution de la fonction de diffusion intermédiaire $F_s(q,t)$ pour le composition Ca12.44 en fonction du temps, pour $q=1.9$ $Å^{-1}$ et à des températures allant de 3000 K à 1600 K. Lorsque la température diminue, un plateau se développe progressivement et donne lieu à un retardement de la relaxation α et donc une augmentation du temps de relaxation τ correspondant au fait que l'effet de cage devient de plus en plus marqué. La Figure IV.5 (b) montre la fonction de diffusion intermédiaire partielle et totale pour la composition Ca12.44 à la température T = 2000 K. Comme nous pouvons nous y attendre, les temps de relaxation les plus faibles, et les plateaux de relaxation β les moins prononcés, correspondent aux diffusions les plus rapides et inversement. En définitive, le temps de relaxation de l'oxygène est très proche du temps de relaxation total du système. Pour 76% de silice à la température T = 3000 K (Figure IV.6), la situation est similaire, cependant le temps de relaxation de O est intermédiaire à ceux de Al et Si, et les temps de relaxation deviennent plus grands de trois ordres de grandeurs, comme on peut le voir sur l'échelle des abscisses, même si la température est plus élevée.

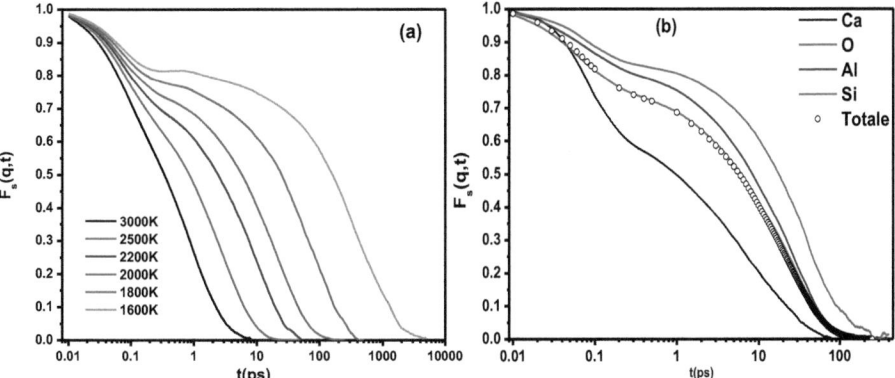

Figure IV.5 : *(a) Fonction de diffusion intermédiaire $F_s(q,t)$ pour la composition Ca12.44 pour le vecteur d'onde $q = 1,9\ Å^{-1}$ en fonction du temps pour différentes températures entre 3000 K et 1600 K (de gauche à droite). (b) Fonctions de diffusion intermédiaires partielles $F_s(q,t)$ en fonction du temps à la température de 2000 K.*

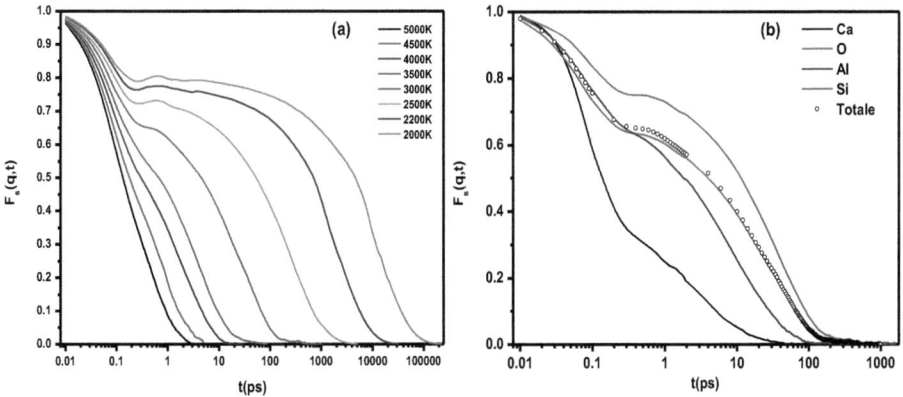

Figure IV.6 : *(a) Fonction de diffusion intermédiaire $F_s(q,t)$ pour la composition Ca76.12 pour le vecteur d'onde $q = 1,9\ Å^{-1}$ en fonction du temps pour différentes températures entre 6000 K et 2000 K (de gauche à droite). (b) Fonctions de diffusion intermédiaires partielles $F_s(q,t)$ en fonction du temps à la température de 3000 K.*

IV.2.2 Fragilité

Déterminons à présent la fragilité dynamique pour les trois joints. Celle-ci peut être obtenue soit à partir de l'évolution en température de la viscosité soit à partir de celle du temps de relaxation [Binder & Kob, 2005]. Les Figures IV.7 (a) et (b) représentent les graphes d'Angell, qui montrent respectivement l'évolution de la viscosité et du temps de relaxation en fonction de l'inverse de la température, en référence à la valeur de la température de transition vitreuse T_G (T_G/T) simulée (cf. Chapitre III) pour le joint $R = 1$. Pour la viscosité et le temps de relaxation, les symboles correspondent aux valeurs obtenues par simulation qu'il a été possible de déterminer. Aux basses températures, pour lesquelles il n'y a pas de valeurs obtenues par simulation, les temps de relaxation deviennent trop grands pour les temps de simulation que nous avons pu atteindre dans ce travail (180 ns pour les plus grandes), les systèmes montrant également un phénomène de vieillissement de plus en plus important. Pour la viscosité, les profils de vitesses ont des pentes de plus en plus faibles avec une erreur relative qui croît. Ces profils deviennent indétectables à plus basse température et ne permettent pas de déterminer des valeurs fiables de la viscosité. Nous pouvons noter que les temps de relaxation peuvent être extraits sur un domaine de température plus large que la viscosité, néanmoins cela n'aura pas de conséquence pour la détermination de la fragilité.

Comme nous l'avons exposé au Chapitre I, la détermination de la fragilité demande la connaissance de la pente du temps de relaxation ou de la viscosité en T_G (Equation I. 4). Ceci ne peut pas être réalisé directement avec les valeurs simulées. Il est nécessaire, d'une part, de définir la valeur du temps de relaxation et de la viscosité en T_G, et d'autre part, de prolonger le comportement en température de $\tau(T)$ et $\eta(T)$ pour chaque composition avec une loi mathématique appropriée. Nous utiliserons une définition courante de la transition vitreuse à savoir la viscosité atteint 10^{12} Pa.s ou de façon équivalente le temps de relaxation atteint 100 s [Kob et Binder 2005] (cf. Chapitre I). Le prolongement à basse température sera réalisé en utilisant la loi de Vogel-Fulcher-Tammann (VFT) qui a montré sa capacité à décrire correctement le comportement en température de $\tau(T)$ et $\eta(T)$ pour de nombreux systèmes [Binder & Kob, 2005].

Les courbes en trait plein sur les Figures IV.7 (a) et (b) correspondent à la loi VFT ajustée par les moindres carrés sur les valeurs simulées de $\tau(T)$ et $\eta(T)$ ainsi que leur valeur définie pour la transition vitreuse. Nous pouvons constater que la loi VFT donne une bonne représentation des valeurs simulées sur tout le domaine de températures pour toutes les compositions, que ce soit pour $\tau(T)$ et $\eta(T)$. La Figure IV.7 (c) permet de comparer les viscosités calculées aux expériences pour Ca0.50, Ca50.25, Ca76.12 et la silice pure [Kozaily, 2012; Toplis & Dingwell, 2004; Urbain & al., 1982]. Un très bon accord est trouvé pour Ca0.50, seule composition pour laquelle un recouvrement des valeurs simulées et expérimentales existe. Pour les autres compositions, les mesures ont été effectuées à des températures plus basses que celles accessibles par simulation. La comparaison est alors faite en utilisant la loi VFT correspondante par extrapolation des résultats de simulation. Un accord raisonnable est obtenu pour Ca50.25 et la silice pure, tandis que pour Ca76.12, les valeurs de simulation extrapolées surestiment les données expérimentales.

Les Figures IV.7 (a) et (b) montrent que l'ajout de silice modifie progressivement l'évolution de $\tau(T)$ et $\eta(T)$, qui passe d'un comportement fortement non-Arrhenius donc très fragile pour Ca0.50 à un comportement Arrhenius donc fort pour la silice pure. Notons que pour cette dernière, $\tau(T)$ et $\eta(T)$ quittent le comportement Arrhenius à haute température (au-dessus de 4000 K), un défaut du potentiel que nous avons déjà observé sur les courbes d'énergie de structure inhérente dans le Chapitre III.

	Viscosité			Temps de relaxation-α			Températures	
$R=1$	T_0(K)	B	m	T_0(K)	B	m	T_f(K)	T_G(K)
Ca0.50	1022	5.16	119	1027	5.00	124	1878	1172 (1160)
Ca12.44	999	5.50	113	1000	5.46	114	1893	1155 (1136)
Ca19.40	986	5.88	107	983	6.05	105	1863	1151 (1125)
Ca33.33	956	7.12	91	959	6.99	93	1823	1149 (1115)
Ca50.25	871	11.94	63	870	12.15	64	1853	1146 (1130)
Ca76.12	583	37.55	33	604	35.72	35	1863	1160 (1156)
SiO$_2$	-	52	18	-	52	18	1873	1415 (1450)

Tableau IV.1 : *Paramètres VFT T_0 et B déterminés à partir de la viscosité et du temps relaxation. m est l'index de fragilité. T_f est la température de fusion expérimentale* [Ehlers, 1972 ; Freemann, 1972; Gentile & Foster, 1963 ; Osborn & Muan, 1960] *et T_G la température de transition vitreuse calculée (les valeurs entre parenthèses représente la température de transition vitreuse expérimentale (Cormier & al., 2005).*

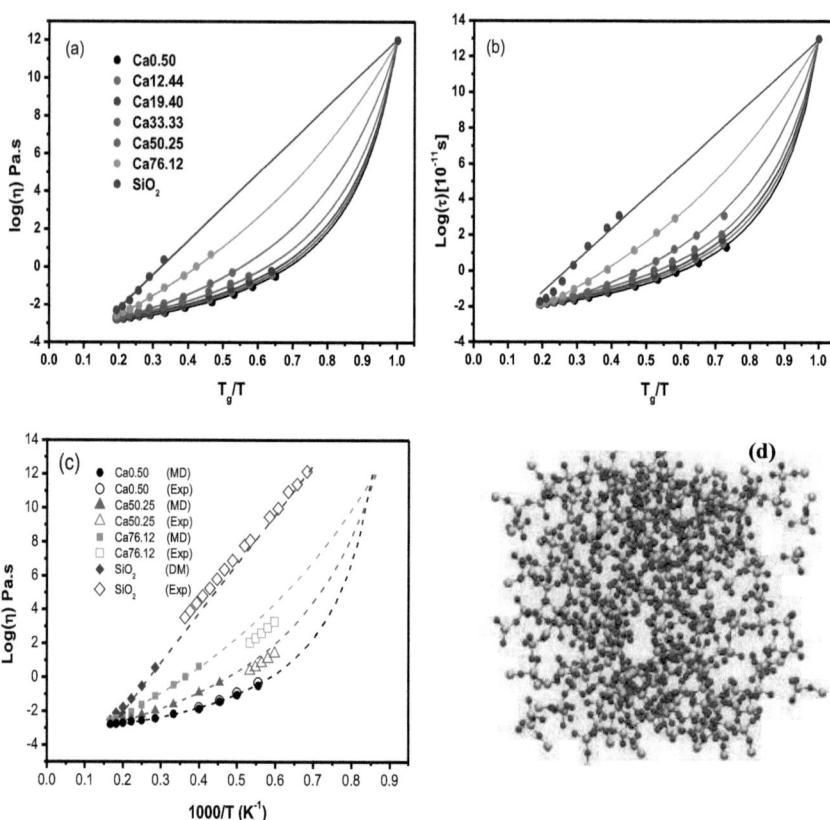

Figure IV.7 : *Diagramme d'Angell pour **(a)** la viscosité et **(b)** le temps de relaxation. Les symboles sont les résultats de simulation de DM et les lignes sont les ajustements VFT correspondants. **(c)** Courbe Arrhenius de la viscosité : symboles pleins correspondent aux résultats de la simulation et les lignes en pointillés sont les ajustements VFT respectifs. Les symboles vides correspondent aux données expérimentales pour SiO_2 [Kozaily, 2012], pour Ca50.25 et Ca76.12 [Toplis and Dingwell, 2004] et SiO_2 [Angell, 1995]. **(d)** structure atomique des SiO_4 pour 33% de silice, les atomes Si sont en jaune et les atomes O en rouge.*

Les paramètres de fragilité B et m ainsi que les températures Vogel T_0 de la loi VTF, déterminées à partir des ajustements de la viscosité et du temps de relaxation, sont rassemblés dans le Tableau IV.1. En général, le paramètre B varie de ~ 2 pour les liquides très fragiles à ~ 100 pour les plus forts [Bohmer & al., 1993]. Nous avons montré au chapitre I que B est lié à l'indice de fragilité standard proposé par Angell [Angell, 1995] qui est également mis dans le Tableau IV.1. Ces résultats sont cohérents avec la fragilité trouvée expérimentalement pour le verre binaire d'aluminate de calcium [Drewitt & al., 2011] et également avec le caractère fort trouvé pour la silice [Horbach & Kob, 2011]. Pour les compositions intermédiaires, quand la teneur en silice augmente, la fragilité diminue plutôt lentement jusqu'à 33% et plus rapidement au-delà de 33%. Cet effet peut être attribué à l'augmentation du nombre des tétraèdres SiO_4 qui deviennent quasiment complètement connectés entre eux dès 33% de silice, comme le montre la Figure IV.7(d). Ceci renforce considérablement le réseau tétraédrique à partir de cette composition où les tétraèdres SiO_4 deviennent majoritaires.

Pour le joint $R = 1$, le Tableau IV.1 montre que les valeurs de B et T_0, déterminé au moyen de la viscosité et du temps de relaxation, sont très proches quelle que soit la concentration en silice. Ceci montre que ces deux quantités semblent être cohérentes entre elles pour la détermination de la fragilité. A noter que la viscosité est plus souvent utilisée dans les expériences, puisqu'il est plus facile de la mesurer, tandis que le temps de relaxation est préféré pour des études de simulation. En effet c'est une quantité moins coûteuse numériquement et, comme nous l'avons montré plus haut, il est possible de la déterminer sur une plus grande plage de températures. La question de l'interchangeabilité de la viscosité et du temps de relaxation est d'actualité et a été étudiée en détail très récemment [Shi & al., 2013]. L'hypothèse derrière la proportionnalité de τ et η est fondée sur la relation mécanique $\eta = \tau_S . G_\infty$, ou G_∞ est le module de cisaillement et τ_S le temps de relaxation des contraintes de cisaillement, pour laquelle il est généralement admis que le temps de relaxation structurale α peut se substituer à τ_S. Même si cette hypothèse n'a pas été établie encore de façon robuste, comme le précisent Shi & al. [Shi & al., 2013], nous montrons ici pour les CAS qu'elle est vérifiée.

La Figure IV.8 (a) et (b) montre le graphe d'Angell pour les joints $R = 1.57$ et 3 respectivement. Un comportement similaire est trouvé par rapport au joint $R = 1$, avec une fragilité qui diminue avec l'augmentation de la concentration de la silice. Le Tableau IV.2 montre la variation de la fragilité pour les deux joints $R = 1.57$ et 3, qui indique de façon claire que la fragilité augmente avec R pour une teneur en silice équivalente. Ces résultats sont à rapprocher de l'évolution des propriétés structurales étudiées dans le chapitre III. En effet, nous trouvons une très bonne corrélation entre l'évolution des oxygènes non-pontant (NBO) qui montrent une évolution similaire à la fragilité tant en fonction de l'ajout de silice sur un joint donné qu'en fonction du joint R. Ceci est également vrai pour la viscosité et le temps de relaxation avec une diminution de leur valeur avec l'augmentation de NBO dans tous les cas. Nos résultats montrent ainsi clairement que les NBO influencent directement la fragilité des verres CAS et les propriétés de transport comme la viscosité et le temps de relaxation structural, et donc la diffusion.

Il faut toutefois distinguer le joint $R = 1$ pour lequel le réseau tétraédrique est complètement connecté pour toutes les compositions et les deux autres joints pour lesquels ce réseau est plus ou moins morcelé en raison de l'excès de CaO, introduisant un déséquilibre de charge. Pour $R = 1$, les entités AlO_5, qui sont produites par une consommation partielle des NBO, jouent également un grand rôle. En effet, si la proportion d'AlO_5 obtenue par les deux potentiels d'interactions (la version originale et la version améliorée) sont comparées, il apparait que plus leur proportion est élevée, plus la diffusion est élevée, et par déduction plus le temps de relaxation et la viscosité sont faibles. Pour les deux autres joints, les AlO_5 ne sont présentés qu'en très faible quantité et les propriétés de transport sont influencées par le degré de connexion induit par les NBO.

$R=1,57$	T_0 (K)	B	m	$R=3$	T_0 (K)	B	m
Ca0.39	1002	4.39	135.88	Ca0.20	1067	3.03	188.5
Ca10.35	1002	4.70	129.54	Ca10.23	1025	3.63	159.9
Ca20.31	982	5.43	115.20	Ca16.21	1002	4.11	144
Ca35.27	925	7.31	99.8	Ca33.18	942	6.2	103.2
Ca55.18	850	12	63.5	Ca50.12	872	9.91	72
Ca77.9	683	25.2	40.56	Ca68.08	815	12.9	57.2
SiO_2	-	52	18	SiO_2	-	52	18

Tableau IV.2 : *Paramètres VFT T_0 et B déterminés à partir du temps de relaxation pour les joints $R = 1,57$ et $R = 3$, m est l'index de fragilité.*

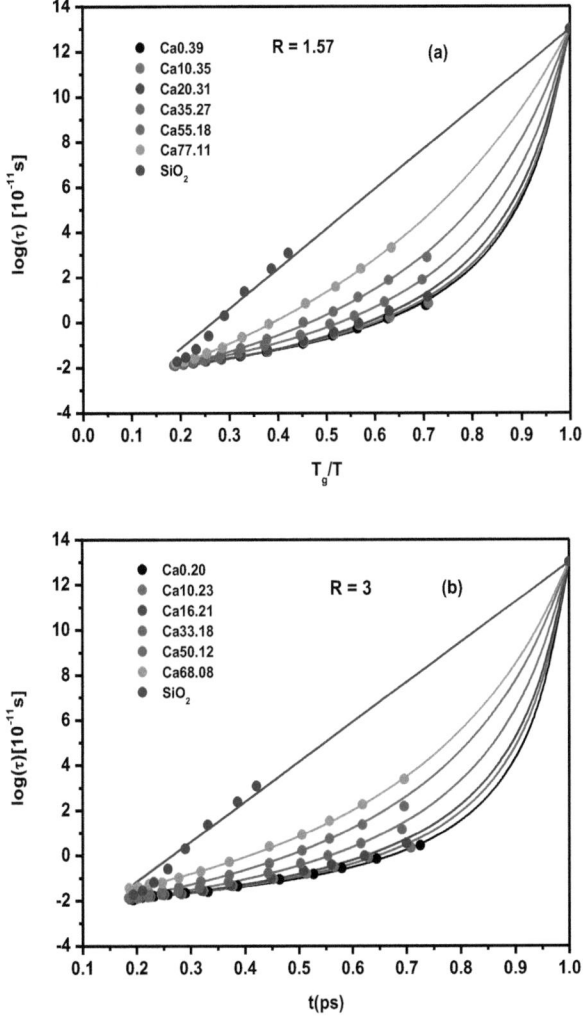

Figure IV.8 *: Diagramme d'Angell pour (a) les temps de relaxation pour le joint R = 1.57 et (b) les temps de relaxation du joint R = 3. Les symboles sont les résultats de simulation de DM et les lignes sont les ajustements VFT correspondants.*

IV.3 Propriétés dynamiques sur le joint $R = 1$

IV.3.1 Principe de superposition temps-température

A présent, nous examinons plus en détail l'évolution des propriétés dynamiques en fonction de la température des verres CAS pour les compositions du joint 1, et en particulier le ralentissement de la dynamique dans le liquide surfondu à l'approche de la transition vitreuse. Pour cela, nous nous plaçons dans le cadre de la théorie des couplages de modes (MCT) qui a été brièvement décrite dans le Chapitre I et qui offre un cadre de compréhension de ce spectaculaire ralentissement de la dynamique. La MCT propose une description théorique de la décroissance de la fonction de diffusion intermédiaire F_s *(q, t)* en fonction du temps. Par exemple, elle décrit avec succès l'augmentation non-exponentielle du temps de relaxation aux temps longs, qui peut être représentée par la fonction Kohlrausch-William-Watt (KWW), $A.exp[(-t/\tau)^\beta]$, avec A l'amplitude, τ le temps de relaxation α qui dépend de la température, et β qui est indépendant de la température. Par conséquent, la MCT prédit que la fonction intermédiaire de diffusion obéit à un principe de superposition temps-température (TTSP) de sorte que les fonctions F_s *(q, t/τ(T))* pour plusieurs températures se superposent en une courbe maîtresse, sur un domaine temporel correspondant au plateau du régime de relaxation *β* et du régime de relaxation α aux temps plus longs.

Comme le montrent les Figures IV.5 et IV.6, le temps de relaxation *τ(T)* dépend en effet de la température. Les Figures IV.9 (a), (b) et (c) montrent pour Ca0.50, Ca33.33 et Ca76.12 que les courbes F_s*(q, t/τ(T))* en fonction de t/*τ(T)*, ou *τ(T)* est le temps de relaxation à la température *T* (cf. Tableau. IV. 1), se superposent très bien en une courbe maîtresse, sauf à la température la plus basse considérée sur les figures. Un ajustement de la fonction KWW conduit à *β*=0.77, 0.63 and 0.70, respectivement, indépendante de la température pour chaque composition. Un examen attentif des courbes pour $T = 1600$ K pour les compositions Ca0.50 et Ca33.33 et $T = 2000$ K pour Ca76.12, indique que la superposition fonctionne moins bien, en particulier pour le régime temporel correspondant au régime relaxation *β*, domaine où la TTSP est également censée être valide, selon la MCT. L'écart à la courbe maîtresse aux basses températures sera discuté plus bas. Ces résultats, compte tenu de la fiabilité du potentiel construit dans ce travail, montrent que la prédiction du principe de superposition par la MCT est valable pour des températures supérieures à 1600 K pour Ca0.50, Ca33.33 et $T = 2000$ K pour Ca76.12.

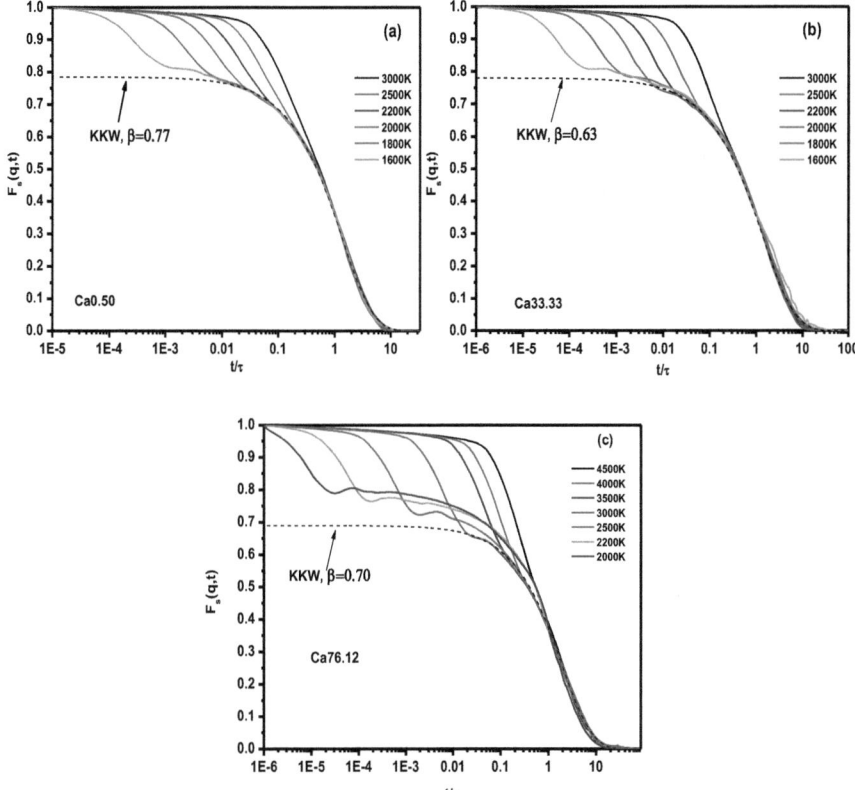

Figure IV.9 : *Fonction de diffusion intermédiaire $F_s(q,t)$ pour les compositions Ca0.50 (a), Ca12.44 (b), Ca19.40 (c) pour le vecteur d'onde $q=1.9\ \text{Å}^{-1}$ en fonction du temps réduit t/τ, où τ est le temps de relaxation à température correspondante, pour diverses températures comprises entre 3000 K et 1600 K, de la droite vers la gauche.*

Le même travail a été réalisé pour toutes les autres compositions du joint R=1, qui satisfont également au TTSP. La Figure IV.10 montre la variation de l'exposant β en fonction de la concentration de silice qui possède un minimum au voisinage de 33% de silice. Toutes les valeurs de β sont rassemblées dans le Tableau IV.3. Bien que la variation de β en fonction de la concentration en silice montre le même comportement que la température T_G en fonction de la teneur en silice (cf. Figure III.2), il est difficile de trouver un lien clair entre les deux. Une étude expérimentale systématique sur un grand nombre de liquides différents, réalisée par Böhmer *et al.* [Bohmer & *al.*, 1993], a permis de montrer une relation linéaire, toutefois pas très stricte, entre le paramètre β estimé à la température de transition vitreuse et la fragilité, à savoir que β décroît avec l'augmentation de la fragilité. Comme la fragilité décroît en fonction de l'ajout de silice sur tout le domaine, nos résultats semblent contredire cette étude, en tout cas pour les compositions avec moins de 33% de silice.

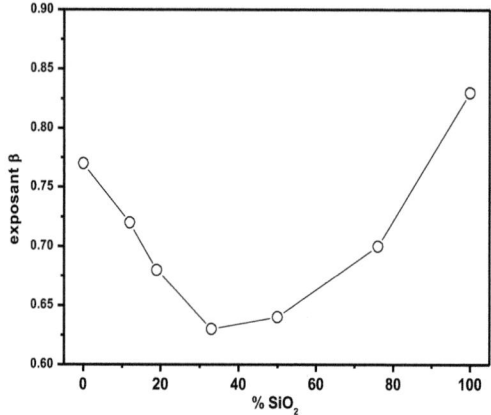

Figure IV.10 : *Variation de l'exposant β en fonction de la concentration en silice*

IV.3.2 Température critique de la théorie du couplage de modes

Une autre prédiction de la MCT est l'existence d'une température critique, T_C. En approchant T_C par valeurs de température supérieures, le temps de relaxation $\tau(T)$ évolue avec la température en loi de puissance de la forme $\tau(T) \propto (T - T_C)^{-\gamma}$. L'ajustement des courbes de $\tau(T)$, en utilisant cette loi puissance, est présenté dans la Figure IV.11. L'évolution de la température du temps relaxation est bien reproduite au-dessus de 1800 K et donne respectivement pour Ca0.50, Ca33.33 et Ca76.12 une température critique T_C = 1604 K, 1800 K et 2521 K avec exposant correspondant γ = 2.01, 2.05 et 2.35. Ce travail a été réalisé pour toutes les compositions du joint $R = 1$ et les paramètres ajustés sont rassemblés dans le Tableau IV.3. Les valeurs de T_C que nous avons trouvées sont sensiblement plus élevées que celles de la température de transition vitreuse montrant, si c'était encore nécessaire de le faire, que la température critique ne correspond pas à la transition vitreuse [Kob & Binder, 2005, Das, 2004, Ediger, 2000].

Revenons maintenant un instant sur le principe de superposition. Selon la MCT, le TTSP n'est plus censé être valable au-dessous de la température critique. En effet, selon la théorie, à la température critique, les mécanismes de diffusion changent et passent de ceux d'un liquide normal à une situation dominée par des processus activés [Das, 2004; Binder & Kob, 2005]. Ces derniers sont plus caractéristiques d'un comportement à très basse température correspondant au voisinage de la transition vitreuse et la théorie ne les prend plus vraiment en compte. Les résultats pour la température critique que nous trouvons ici sont compatibles avec le fait que la fonction de diffusion intermédiaire au-dessous de T_C s'écarte de la courbe maitresse comme on peut le voir pour Ca0.50 et Ca33.33 à 1600 K et pour Ca76.12 à 2000 K sur la Figure IV.11, car ils correspondent à des états en-dessous de la température critique MCT trouvée.

Par ailleurs, à mesure que les systèmes passent en-dessous de la température critique, les valeurs du temps de relaxation obtenues par simulation s'éloignent de la loi puissance et deviennent moins grands que ce que prédit la MCT. Les valeurs de la température critique données dans le Tableau IV.3 se situent dans le bas du domaine influencé par la PEL, sur la courbe d'énergie de structure inhérente (cf. Figure III.2 du chapitre précédent). Dans ce cas, le système ressent fortement des barrières d'énergie hautes et donc les mécanismes de diffusion sont plutôt dominés par des processus activés.

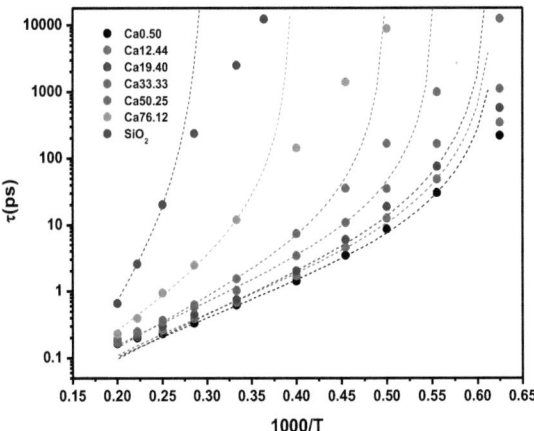

Figure IV.11 : *Temps de relaxation en fonction de l'inverse de la température. Les courbes en pointillés sont les ajustements de la loi MCT.*

IV.3.3 Violation de la relation de Stokes-Einstein

Comme nous l'avons évoqué au chapitre I, la relation de Stokes-Einstein (SE) qui relie les coefficients de transport entre eux par l'équation (I.12), permet de déterminer la diffusion au moyen de la viscosité ou vice versa. Cependant, connaissant à la fois la diffusion et la viscosité, le rapport $y = D\eta/T$ permet de savoir si la relation SE est vérifiée ou non. Tout écart de y par rapport à 1 donne lieu à une violation de la relation SE. De nombreuses études ont été menées sur ce sujet dans l'état liquide et surfondu afin de relier la violation de la relation SE avec les changements de mécanismes de diffusion dans le système.

Pour étudier la violation de la relation SE et son rapport avec la fragilité, nous avons tracé dans la Figure IV.12 (a), le rapport $y = D\eta/T$, normalisé par sa valeur à T = 6000 K, en fonction de l'inverse de la température pour toutes les compositions du joint R = 1. Comme nous pouvons le voir, la relation SE est vérifiée à haute température, entre 6000 K et 4500 K, quelle que soit la composition. Lorsque la température décroît davantage, un écart se produit indiquant une violation progressive de la relation SE. Pour les compositions jusqu'à 33 % de silice, correspondant aux compositions avec une fragilité importante (voir le Tableau IV.1) la relation SE reste valable sur une gamme de températures plus large, et jusqu'à 3000 K. A mesure que la teneur en silice augmente au-dessus de 33%, la violation de la relation SE devient plus abrupte et se produit à une température plus haute. Ceci est une indication d'une corrélation possible entre la fragilité et la violation de la relation SE.

La Figure IV.12 (b) montre le rapport $y = D\tau/T$ dans lequel nous avons remplacé la viscosité par le temps de relaxation α. Nous voyons que l'évolution de y en fonction de la concentration de la silice est similaire à celui de la viscosité. La violation de la relation de SE se produit à une température proche de celle obtenue avec la viscosité. Ces résultats indiquent que pour les CAS sur le joint R = 1, le remplacement de la viscosité par le temps de relaxation dans la relation SE peut être réalisé au même titre que pour l'étude de la fragilité au moyen du graphe d'Angell. Cela montre une bonne correspondance entre ces deux quantités pour l'étude de ces phénomènes. Cependant d'après Shi *et al.* [Shi & *al.*, 2013], cette correspondance est loin d'être générale et dépend des systèmes étudié.

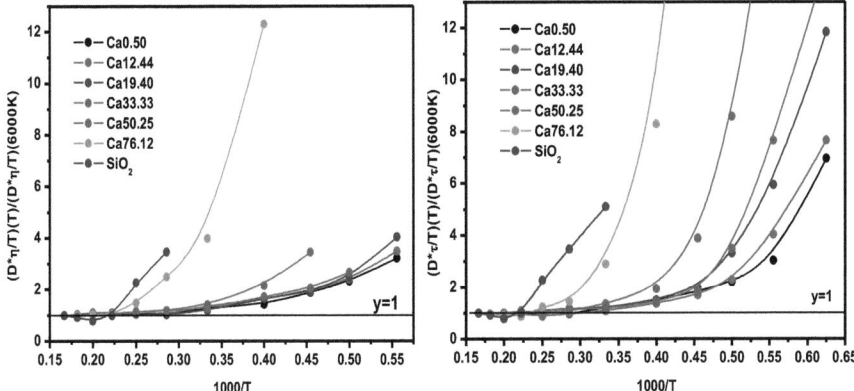

Figure IV.12: *Rapport Stokes Einstein y en fonction de l'inverse de la température pour l'ensemble des compostions du joint R = 1. Les symboles sont les résultats de DM et les lignes sont des guides visuels.*

La déviation du rapport y à basse température peut être caractérisée plus en détail en ajustant les données obtenues par une relation de Stokes-Einstein fractionnaire de la forme $D \sim (\eta/T)^{-\xi}$ avec ξ un exposant qui peut prendre des valeurs non entières. Dans la Figure IV.13 (a), (b), (c), le coefficient de diffusion total est tracé en fonction de η/T pour trois compositions 0%, 50% et 100% de silice. A température élevé le coefficient de diffusion suit la relation SE standard ($\xi = 1$), il bifurque clairement vers une relation de SE fractionnaire avec un exposant ξ qui diminue avec l'augmentation de la concentration en silice. Le Tableau IV.3 contient toutes les valeurs de ξ. Nous pouvons voir que jusqu'à 33%, les valeurs de l'exposant fractionnaire varient très peu et restent voisines de $\xi = 0.8$, alors qu'au-delà de 33%, elles diminuent de manière significative. De plus, comme on peut le voir également dans le Tableau IV.3, la bifurcation arrive à une température qui est de plus en plus élevée avec l'augmentation de la teneur en silice. Comme le précisent Pan *et al.* [Pan & *al.*, 2005], des valeurs de ξ autour 0.8-0.9 correspondant aux systèmes fragiles tandis que les valeurs autour de 3/5 correspondent à un comportement fort. Ceci a été aussi observé par Malamace *et al.* [Mallamace & *al.*, 2010] dans leur étude de la transition fragile-fort de l'eau. Nos résultats confirment une corrélation étroite entre la fragilité et la violation SE pour les verres CAS considérés ici.

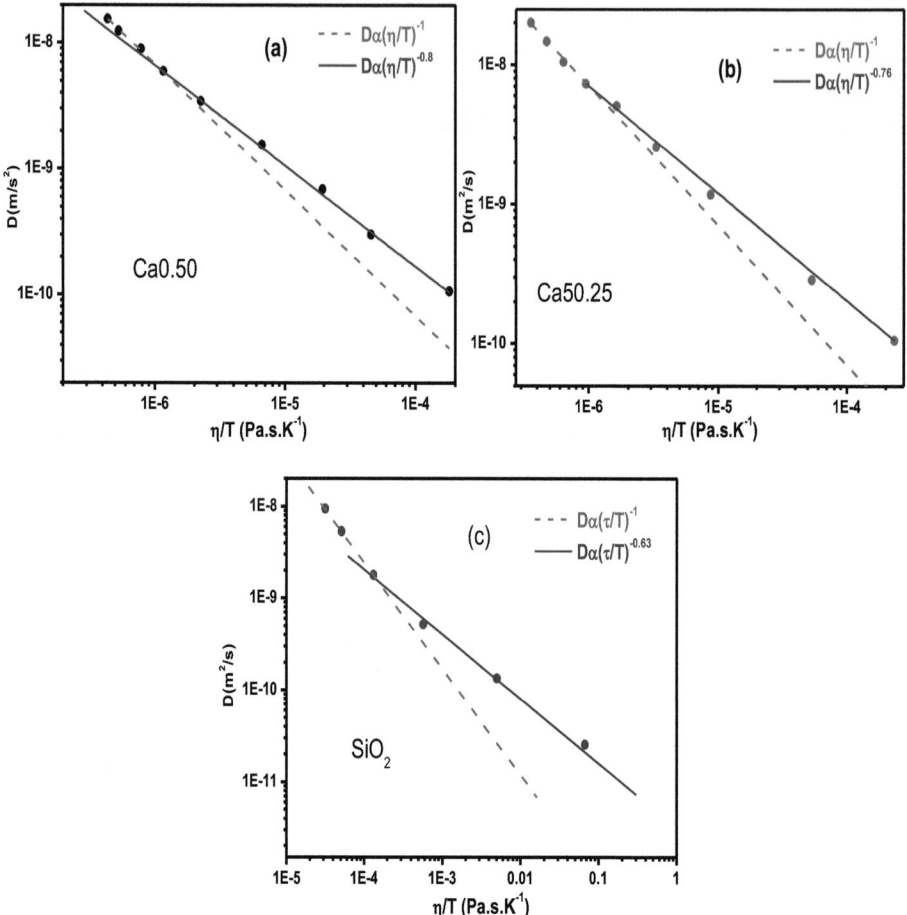

Figure IV.13: Evolution du coefficient de diffusion en fonction de η/T pour (a) Ca12.44, (b) Ca50.25 et (c) SiO$_2$ (silice pure). Les symboles pleins sont les résultats de DM et les lignes continues sont les lois en puissance.

Selon de nombreux auteurs, la violation de la relation de SE devrait correspondre à un changement de mécanisme de diffusion [Binder & Kob, 2005; Das, 2004]. Par ailleurs, dans le cadre de la MCT, les changements de mécanismes de diffusion d'un liquide normal à une situation dominée par des processus activés se produisent à la température critique T_C. Ainsi, l'hypothèse de considérer la température critique de la MCT comme celle à laquelle la violation de la relation S-E se produit est plausible. En approchant T_C, le coefficient de diffusion D se comporte avec la température suivant la loi $D(T) \propto (T - T_C)^{-\gamma}$, γ étant un exposant critique, au même titre que le temps de relaxation.

La *Figure IV.14* montre l'ajustement des courbes de $D(T)$ en utilisant cette loi pour toutes les compositions. Les valeurs des paramètres ajustés de la température critique T_C et de l'exposant γ sont rassemblées dans le Tableau IV.3. Ce tableau montre que les paramètres MCT de la diffusion et le temps de relaxation sont similaires pour toutes les compositions excepté pour 76% où il y a un écart significatif. La valeur de T_C trouvée ici pour la silice pure est identique à celle trouvée par Horbach et Kob [Horbach & Kob, 2011] par simulation de dynamique moléculaire avec le potentiel BKS. Ainsi, les valeur de T_C obtenues au moyen de la diffusion et du temps de relaxation sont cohérentes et sont confirmées à une exception près.

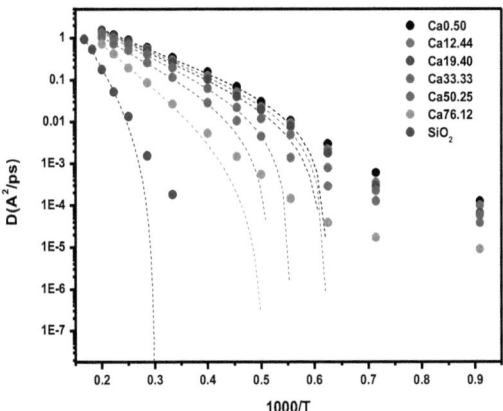

Figure IV.14: *Evolution du coefficient de diffusion total en fonction de l'inverse de la température pour toutes les compositions, du haut vers le bas. Les symboles pleins sont des résultats de DM et les lignes en pointillés les ajustements de la loi MCT.*

Nos résultats montrent que la température à laquelle la relation SE bifurque vers une relation SE fractionnaire se produit à une température significativement plus grande que la température critique de la MCT. De plus, nos résultats révèlent que la violation de la relation SE se produit aussi au-dessus des températures de fusion expérimentales (voir le Tableau IV.1) pour toutes les compositions étudiées. Cette constatation, qui est également observée pour la silice [Horbach & Kob, 2001], peut être analysée aussi à l'aide du concept de surface d'énergie potentielle. Nous pouvons voir à partir de la Figure III.2 que la violation de la relation SE arrive à une température voisine du début du régime influencé par la PEL et suit la même évolution, à savoir de 3200 K à 4600 K (voir Tableau IV.1) en allant des systèmes fragiles aux systèmes forts. Le liquide commence à partir de ces températures à sentir les barrières d'énergie les plus hautes et s'écarte d'une diffusion typique d'un liquide simple pour laquelle la relation SE est généralement valable.

L'hétérogénéité dynamique (DH) qui se produit dans les liquides à basse température (cf. Chapitre I) a été évoquée comme l'une des raisons pour lesquelles la violation de la relation de Stokes Einstein se produit [Shi & al., 2013; Stillinger & Debenedetti, 2013]. L'une des façons de caractériser la DH est d'examiner le comportement du paramètre non gaussien $\alpha_2(t)$ (Equation I.12). La Figure IV.15(a) montre l'évolution de $\alpha_2(t)$ en fonction du temps pour la composition Ca12.44. Pour des températures allant de 1400 K à 4000 K, $\alpha_2(t)$ augmente progressivement avec la diminution de la température. Le maximum de $\alpha_2(t)$, noté t^*, correspond au temps pour lequel la dynamique du système passe du régime de relaxation β au régime de relaxation α. Une amplitude du maximum de $\alpha_2(t)$ supérieure à 0.2 indique une dynamique hétérogène des atomes et au-dessous de cette valeur pour le maximum de $\alpha_2(t)$ le mouvement des atomes peut être considéré comme homogène.

Pour la composition Ca12.44, la Figure IV.15(a) indique qu'au-dessous de 3000 K, une dynamique hétérogène se met en place. Comme on peut le voir sur la Figure IV.15(b), le même comportement de $\alpha_2(t)$ observé pour la composition Ca76.12, mais la DH se produit à une température plus élevée. Le Tableau IV.3 rassemble les valeurs de température pour lesquelles la DH se produit, pour toutes les compositions du joint $R = 1$. Pour les faibles concentrations en silice, le mouvement hétérogène démarre autour de 3000 K et augmente jusqu'à 4500 K pour la composition Ca76.12. Le Tableau IV.3 montre qu'il existe une bonne concordance entre les températures d'hétérogénéité dynamique et les températures où se produit la violation de relation de Stokes-Einstein. Nos résultats indiquent alors qu'une

Chapitre IV : Propriétés dynamiques des verres CAS

origine physique possible de la violation de SE pour les compositions CAS étudiée ici est le mouvement hétérogène des atomes.

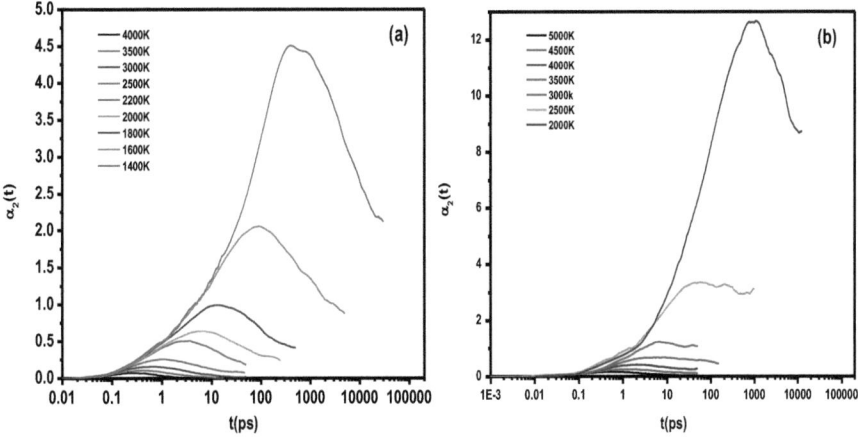

Figure IV.15: *Paramètre non gaussien $\alpha_2(t)$ pour différentes températures pour les compositions (a) Ca12.44 et (b) Ca76.12*

$R=1$	Diffusion		Temps de relaxation		Fraction SE		TTSP	DH
x	T_c (K)	γ	T_c (K)	γ	T_X (K)	ζ	β	T(K)
Ca0.50	1605	1.85	1604	2.01	3200	0.8	0.77	3000
Ca12.44	1610	1.94	1610	2.12	3200	0.8	0.72	3000
Ca19.40	1623	2.06	1625	2.25	3200	0.78	0.68	3000
Ca33.33	1827	2.04	1800	2.05	3600	0.77	0.63	3500
Ca50.25	1936	2.19	1996	2.19	4400	0.76	0.64	4000
Ca76.12	1976	3.16	2521	2.35	4500	0.66	0.70	4500
SiO_2	3332	3.5	3339	3.45	4600	0.62	0.83(*)	5000

Tableau IV.3 *Température critique T_C et exposant γ de la loi MCT déterminés pour le coefficient de diffusion et le temps de relaxation. T_X et ζ représentent la température de bifurcation et l'exposant de la relation SE fractionnaire. β est l'exposant de la loi KWW. L'étoile représente la valeur de β de la silice pure d'après [Horbach & Kob, 1999].*

Conclusion générale

―

Dans ce travail de thèse, nous avons étudié les propriétés structurales et dynamiques des verres aluminosilicate du calcium ($CaO\text{-}Al_2O_3\text{-}SiO_2$) en fonction de la température et de la concentration en silice et pour différents rapports R de concentrations CaO/Al_2O_3 par dynamique moléculaire classique (DM).

Pour ce faire, nous avons développé un potentiel empirique de type Born-Mayer-Huggins, à partir d'un jeu de paramètres existant [Matsui, 1994] pour les liquides CMAS. Nous l'avons affiné sur la base de résultats de dynamique moléculaire *ab initio* (AIMD) et de données expérimentales pour des compositions avec moins de 20% sur le joint $R = 1$ [Jakse & al, 2012]. Les modifications de paramètres les plus importantes portent sur les charges partielles, censées modéliser les effets de polarisation.

Dans la phase liquide et surfondue, le potentiel ainsi amélioré donne une bonne description des facteurs de structure totaux, des fonctions de corrélation des paires partielles, des nombres de coordination, des angles des liaisons autour des atomes Si, Al et Ca ainsi que des unités structurales comme les oxygènes non pontant, les aluminiums penta-coordonnés et les oxygènes tri-coordonnés. Il donne également, par comparaison avec les données expérimentales, une bonne description de la fonction de diffusion intermédiaire $F_s(q,t)$ et des temps de relaxation structuraux qui en découlent, ainsi que des coefficients de diffusion. Bien que le potentiel ait quelques difficultés à décrire la silice pure à haute température, une bonne concordance avec des données expérimentales sur les autres compositions que celles où il a été ajusté comme la viscosité, les facteurs de structures pour le verre et les températures de transition vitreuses sur les trois joints. Ceci montre qu'il possède de bonnes propriétés de transférabilité.

L'étude des propriétés structurales a été menée au niveau de l'ordre local dans un premier temps. Pour le joint $R = 1$, nous avons montré qu'une proportion non négligeable d'oxygènes non pontant (NBO) existe pour toutes les compositions et qui décroît avec l'ajout de silice dans le liquide, le surfondu et le verre. Ce résultat contredit l'argument purement stœchiométrique selon lequel avec une compensation de charge complète entre la chaux et l'alumine, il ne devrait pas y avoir de NBO. Les simulations montrent également l'existence d'oxygènes tri-coordonnés (TBO) et d'entités AlO_5 qui suivent les mêmes tendances mais avec des proportions différentes. Une analyse détaillée montre les mécanismes suivants : quelle que soit la composition, la production de NBO sous l'action des atomes de Ca, qui jouent le rôle de modificateurs de réseau, produisent les TBO suivant la réaction proposée Stebbins et Xu [Stebbins & Xu, 1997]. L'excès de TBO observé indique qu'une partie des NBO est consommée pour produire les AlO_5.

Pour les deux autres joints ($R = 1.57$ et R = 3), même si le nombre de NBO diminue avec l'ajout de silice, la situation est différente. L'excès de Ca par rapport au joint $R = 1$ produit davantage de NBO quelle que soit la composition. Dans le même temps, le nombre de TBO et d'AlO_5 diminue de façon significative, la réaction de Stebbins et Xu [Stebbins & Xu, 1997] n'est suivie que très partiellement. Ce nombre important de NBO conduit à un morcellement du réseau tétraédrique formé par les AlO_4 et SiO_4.

L'étude de l'ordre de moyenne portée a montré que l'augmentation avec la teneur en silice du premier pic de diffraction du facteur de structure de neutrons pour le joint $R = 1$ semble trouver son origine dans l'accroissement de la taille des anneaux (Al, Si)-O que nous avons trouvé dans les simulations.

Nous avons déterminé la fragilité pour toutes les compositions sur les trois joints, au moyen de l'évolution de la viscosité et du temps de relaxation structural en fonction de la température. Pour les CAS étudiés ici, ces deux quantités conduisent aux mêmes résultats. Ces derniers montrent une diminution de la fragilité avec l'augmentation de la teneur en silice quel que soit le joint. La bonne corrélation entre l'évolution de la fragilité et celle des NBO en fonction de la composition pour tous les systèmes étudiés ici est en faveur du fait que les NBO jouent un rôle prépondérant pour la fragilité, mais avec des mécanismes différents pour le joint $R = 1$, où le réseau est complètement connecté, et les deux autres pour lesquels le réseau est plus ou moins morcelé.

Finalement, l'étude du ralentissement de la dynamique pour toutes les compositions du joint $R = 1$, montre que la théorie des couplages de modes (MCT) s'applique bien. La fonction de diffusion intermédiaire satisfait au principe de superposition temps/température au-dessus de la température critique de la MCT. Cette dernière se trouve en surfusion profonde, c'est-à-dire sur la partie à basse température du régime influencé par la surface d'énergie potentielle, où le système marque le changement d'une diffusion normale à une diffusion par sauts et où il doit franchir de hautes barrières.

Nos résultats indiquent qu'une violation de la relation de Stokes-Einstein (SE) se produit bien au-dessus de la température de fusion expérimentale, comme cela a déjà été observé pour la silice pure par ailleurs. Cette température de la violation de la relation SE est donc bien plus élevée que la température critique de la MCT et marque le début d'une hétérogénéité dynamique. A cette température, le système bifurque vers un comportement où la diffusion et la viscosité satisfont à une relation de SE fractionnaire, avec un exposant qui varie avec la température. Ainsi, il est recommandé d'utiliser cette dernière plutôt que la relation standard de SE pour déterminer la diffusion à partir de la viscosité ou vice et versa.

Nous avons pu réaliser une étude des propriétés structurales et dynamiques des CAS dans la phase liquide et dans le verre pour des compositions couvrant une large partie du diagramme de phase ternaire. Ceci a été rendu possible par le développement d'un potentiel empirique qui s'est montré transférable à toutes ces compositions. En guise de perspectives, bien entendu l'étude du ralentissement de la dynamique pour le joint $R = 1$ pourrait être étendue aux autres joint, qui ont des caractéristiques structurales différentes et étudiés à l'aide de fonctions de corrélation à quatre points. Par ailleurs, ce potentiel pourrait être utilisé pour l'étude détaillée de compositions d'intérêt dans d'autres domaines comme le stockage des déchets nucléaires ou les ciments et il pourrait également servir de base à une extension à des verres d'oxydes silicatés plus complexes.

ANNEXE I

Code de simulation LAMMPS

Dans notre travail de thèse, nous avons utilisé le code LAMMPS (Large-scale Atomic Molecular Massively Parallel Simulator), Il peut modéliser au niveau atomique des systèmes : biologiques, polymères, métalliques et granulaires... etc. LAMMPS fonctionne tout aussi bien sur un seul processeur sur un PC de bureau ou portable, mais il est conçu pour des calculateurs hautes performances à architecture parallèle. Il est capable de prendre en compte des tailles de systèmes avec seulement quelques dizaines de particules jusqu'à des millions ou des milliards. La version actuelle de LAMMPS est écrite en C++, les premières versions ayant été écriet en fortran F77 et F90 dans les années 1990 dans un département américain de l'énergie CRADA (Cooperative Research and Development Agreement) entre deux laboratoires DOE et trois entreprises. Il est actuellement distribué par **Sandia National Labs** gratuitement [1].

En général, LAMMPS intègre les équations du mouvement de Newton pour l'ensemble des atomes, molécules ou des particules qui interagissent par l'intermédiaire de forces à courte ou longue portée avec une variété de conditions initiales ou aux limites. LAMMPS a été amélioré par Steve Plimpton, Paul Crozier et Adian Thompson pour utiliser des listes de voisins et un algorithme de décomposition spatiale pour diviser le domaine de la simulation en petits sous-domaines, dont l'un est affecté à chaque processeur. Chaque processeur communique et stocke des informations des atomes "ghost", atomes qui bordent leur sous-domaine. LAMMPS est le plus efficace pour les systèmes dont les particules remplissent une boîte parallélépipédique tridimensionnelle avec une densité uniforme.

a- Structure du script d'entrée dans LAMMPS :

Le script d'entrée dans LAMMPS est écrit dans un langage spécifique dont la syntaxe est définie sur le site LAMMPS. Il se décompose en quatre étapes principales :

6. *Initialisation:* Dans cette étape on déclare les paramètres initiaux de la simulation par exemple : la taille de boîte, les unités utilisées, le type et la masse des atomes.
7. *Définition de la boîte de simulation* Dans cette étape on donne les informations nécessaires sur la création de la boîte de simulation, soit on utilise les commandes suivantes par exemple : *"create_box"*, *"creat_atom"*, *"lattice"*, *"region"* soit on utilise un fichier extérieur qui contient les positions et les charges éventuelles des atomes dans une configuration initiale. Puis on définit les paramètres du potentiel d'interaction.
8. *Procédure de réalisation de la simulation* après les deux étapes précédentes, dans cette partie on utilise un ensemble de commandes pour réaliser les simulations par exemple : l'algorithme de résolution des equations du mouvement, la température initiale et la vitesse des particules, l'ensemble statistique (*NPT, NVT,....*), le pas de temps, les propriétés thermodynamiques (température, pression,...) à calculer au cours de la simulation, et les données à sauvegarder.
9. *Réalisation* Pour réaliser la simulation on utilise la commande "*run*" avec le nombre des pas ou pour minimiser l'énergie potentielle et rechercher les structures inhérentes on utilise la commande "*minimize*".

b- Sorties de LAMMPS

Après la réalisation de la simulation, on peut avoir les résultats de LAMMPS dans plusieurs fichiers de sortie :

1. *Les données thermodynamiques :* sous forme d'un fichier sortie qui s'appelle "log.lammps", qui contient la température, la pression, l'énergie cinétique et potentielle, l'enthalpie, le volume et d'autres quantités que l'on aura défini auparavant dans le script.
2. *Les fichiers de types "dump" :* ce type des fichiers contient les configurations obtenues au cours de la simulation pour analyser les propriétés structurales et dynamiques : les types d'atomes, les charges, les positions et les vitesses des atomes, les forces, l'identité de l'atome *"id"* etc. Les commandes **"fix"**, **"compute"** et

"variable" permettent d'avoir d'autres propriétés physiques comme la fonction de distribution radiale et le déplacement quadratique moyen, etc.

3. *Le fichier de redémarrage :* si on veut redémarrer la simulation à partir d'un état particulier, on utilise ce fichier comme un fichier d'entrée qui contient toutes les informations utiles pour poursuivre une simulation.

LAMMPS peut donner les résultats dans plusieurs systèmes d'unités : "LJ", "real", "metal", "cgs". Dans ce travail de thèse, nous avons utilisé les unités "metal" montrées dans le tableau suivant :

Quantités	Unités
Masse	gramme/mole(g/mole)
Distance	Angströms (Å)
Temps	picoseconde (ps)
Energie	electronvolts (eV)
Vitesse	Angströms/picoseconde (Å/ps)
Température	Kelvin (K)
Pression	bars
Viscosité	Poise(P)
Charge	charge de l'électron (e)
Densité	gramme/cm^3

Tableau AI.1: Unités « métal » dans le code LAMMPS.

ANNEXE II

Détermination des facteurs de structure partiels

Dans le cas d'un alliage binaire, nous avons maintenant un mélange de deux types d'atome α et β. On note N_α le nombre d'atomes de l'espèce α, N_β le nombre d'atomes de l'espèce β et N est nombre totale d'atomes. C_α est la concentration d'atomes de type α avec $C_\alpha = N_\alpha/N$ et C_β es la concentration d'atomes de type β $C_\beta = N_\beta/N$. Donc, il existe trois fonctions de corrélation de paires partielles $g_{\alpha\beta}(r)$, $g_{\alpha\alpha}(r)$, $g_{\beta\beta}(r)$ et de même pour les facteurs de structure partiels $S_{\alpha\beta}(\mathbf{q})$, $S_{\alpha\alpha}(\mathbf{q})$, $S_{\beta\beta}(\mathbf{q})$ respectivement pour les paires $\alpha\beta, \alpha\alpha, \beta\beta$.

On note la moyenne quadratique $\langle l^2(\mathbf{q})\rangle$ les longueurs de diffusion atomiques $l_\alpha(\mathbf{q})$, $l_\beta(\mathbf{q})$ respectivement des espèces atomiques a et b :

$$\langle l(\mathbf{q})\rangle = C_\alpha l_\alpha(\mathbf{q}) + C_\beta l_\beta(\mathbf{q}) \qquad \textbf{(AII.1)}$$

$$\langle l^2(\mathbf{q})\rangle = C_\alpha l_\alpha^2(\mathbf{q}) + C_\beta l_\beta^2(\mathbf{q}) \qquad \textbf{(AII.2)}$$

Pour la diffusion de neutron $l_\alpha(\mathbf{q}) = b_\alpha$ et $l_\beta(\mathbf{q}) = b_\beta$, et on peut écrire pour la distribution de paire partielle:

$$g_{\alpha\beta} = \frac{N_\alpha!\, N_\beta!}{\rho_\alpha \rho_\beta (N_\alpha - 2)!\,(N_\beta - 2)!} \frac{1}{Z_n} \int \ldots \int exp[-U(k_\beta T)]\, d^3 R_{\alpha 2} \ldots d^3 R_{\alpha N_\alpha} \ldots d^3 R_{\beta N_\beta} \qquad \textbf{(AII.3)}$$

avec ρ_α et ρ_β la densité partielle des espèces chimique α et β respectivement $\rho_\alpha = \rho C_\alpha$ et $\rho_\beta = \rho C_\beta$.

On peut exprimer le facteur structure total $S(\mathbf{q})$ en fonction des trois partiels $S_{\alpha\beta}(\mathbf{q})$, $S_{\alpha\alpha}(\mathbf{q})$, $S_{\beta\beta}(\mathbf{q})$ suivant plusieurs formalismes : Faber-Ziman (1972) [Faber & Ziman, 1965], Ashroft et Langreth (1967) [Ashcroft & Langreth, 1967] et Bhatia-Thornton (1970). Dans ce travail thèse nous avons utilisé formalisme Faber et Ziman (FZ).

AII.1 Formalisme de Faber et Ziman (FZ)

Une définition des facteurs de structure partiels a été proposée par Faber-Ziman (1972) [Faber & Ziman, 1965]. Dans cette approche, les facteurs de structure partiels sont reliés aux fonctions de corrélation de paires partielles par :

$$S_{\alpha\beta}^{FZ}(\mathbf{q}) - 1 = \frac{4\pi\rho}{q} \int_0^\infty r[g_{\alpha\beta}(r) - 1] \sin(\mathbf{q}.\mathbf{r}) \, \mathbf{dr} \tag{AII.4}$$

$$g_{\alpha\beta}(r) - 1 = \frac{1}{2\pi^2 r\rho} \int_0^\infty q[S_{\alpha\beta}(\mathbf{q}) - 1] \sin(\mathbf{q}.\mathbf{r}) \, \mathbf{dq} \tag{AII.5}$$

On peut écrire le facteur de structure total en fonction des facteurs structure partiels de Faber – Ziman par

$$S(\mathbf{q}) = \langle l(\mathbf{q}) \rangle^2 \left(\sum_\alpha \sum_\beta C_\alpha C_\beta l_\alpha(\mathbf{q}) l_\alpha(\mathbf{q}) S_{\alpha\beta}^{FZ}(\mathbf{q}) + \langle l^2(\mathbf{q}) \rangle - \langle l(\mathbf{q}) \rangle^2 \right). \tag{AII.6}$$

Le terme $\langle l^2(\mathbf{q}) \rangle - \langle l(\mathbf{q}) \rangle^2$ dans l'équation (III.6) est appelé le terme de Laue et ne représente pas de caractéristique structurale. On peut définir le facteur structure total $S'(\mathbf{q})$ sous une autre forme en fonction des facteurs structure partiels de Faber – Ziman en utilisant la relation :

$$S'(\mathbf{q}) = \sum_\alpha \sum_\beta C_\alpha C_\beta \frac{l_\alpha(\mathbf{q}) l_\beta(\mathbf{q})}{\langle l(\mathbf{q}) \rangle^2} S_{\alpha\beta}(\mathbf{q}). \tag{AII.7}$$

Cette formule n'est pas valable pour $\langle l(\mathbf{q}) \rangle = 0$.

AII.2 Formalisme d'Ashcroft et Langreth (AL)

Une approche similaire, basée sur la corrélation entre les espèces chimiques, et développé par Ashcroft et Langreth [Ashcroft & Langreth, 1967]. On considère le système comme une juxtaposition *(α-b, β-β et α-β)* des densités partielles *(ρ_α, ρ_β, (ρ_α ρ_β)$^{1/2}$)* respectivement. Le facteur de structure partiel est définie par l'équation d'Ashcroft et Langreth :

$$S_{\alpha\beta}^{AL}(\mathbf{q}) = \delta_{\alpha\beta} + (\rho_\alpha\rho_\beta)^{1/2} \int [g_{\alpha\beta}(r) - 1] exp(-i\mathbf{q}.\mathbf{r})d\mathbf{r}. \tag{AII.8}$$

On peut écrire les facteurs de structure partiels d'Ashcroft - Langreth $S_{\alpha\beta}^{AL}(q)$ en fonction des facteurs de structure partiel Faber – Ziman $S_{\alpha\beta}^{FZ}(\mathbf{q})$:

$$S_{\alpha\beta}^{AL}(\mathbf{q}) = \delta_{\alpha\beta} + \sqrt{C_\alpha C_\beta}(S_{\alpha\beta}^{FZ}(\mathbf{q}) - 1). \tag{AII.9}$$

et réciproquement $S_{\alpha\beta}^{FZ}(\mathbf{q})$ en fonction de $S_{\alpha\beta}^{AL}(\mathbf{q})$:

$$S_{\alpha\beta}^{FZ}(\mathbf{q}) = \left[((S_{\alpha\beta}^{AL}(\mathbf{q}) - \delta_{\alpha\beta})/\sqrt{C_\alpha C_\beta}\right] + 1. \tag{AII.10}$$

Donc le facteur de structure total *S(q)* en fonction des facteurs de structure partiels d'Ashcroft et Langreth $S_{\alpha\beta}^{AL}(\mathbf{q})$ s'écrit de la manière suivante:

$$S(\mathbf{q}) = \sum_\alpha \sum_\beta (C_\alpha C_\beta)^{1/2} \frac{l_\alpha(\mathbf{q})l_\beta(\mathbf{q})}{\langle l^2(\mathbf{q})\rangle} S_{\alpha\beta}^{AL}(\mathbf{q}). \tag{AII.11}$$

AII.3 Formalisme de Bhatia-Thornton (BT)

Le facteur de structure total *S(q)* peut être explicité comme la somme pondérée des trois facteurs de structure partiels notés $S_{NN}(q)$, $S_{CC}(q)$, $S_{NC}(q)$ comme :

$$S(\mathbf{q}) = \frac{\langle l(\mathbf{q})^2\rangle}{\langle l^2(\mathbf{q})\rangle}S_{NN}(\mathbf{q}) + 2\langle l(\mathbf{q})\rangle\frac{[l_\alpha(\mathbf{q}) - l_\beta(\mathbf{q})]}{\langle l^2(\mathbf{q})\rangle}S_{NC}(q) + \frac{[l_\alpha(\mathbf{q}) - l_\beta(\mathbf{q})]^2}{\langle l^2(\mathbf{q})\rangle}S_{CC}(\mathbf{q}) \tag{AII.12}$$

$S_{NN}(\mathbf{q})$, $S_{CC}(\mathbf{q})$, $S_{NC}(\mathbf{q})$ représentent la combinaison des facteurs de structure partiels calculés en utilisant le formalisme de Faber –Ziman et pondérés à l'aide des concentrations des deux espèces chimiques.

Les trois facteurs de structure partiels de Bhatia et Thornton peuvent s'exprimer en fonction des facteurs de structure partiels de Faber – Ziman $S_{\alpha\beta}^{FZ}(\mathbf{q})$

AII.3.1 Le facteur de structure partiel Nombre-Nombre $S_{NN}(q)$

Sa transformée de Fourier permet d'obtenir une description globale de la structure, c'est-à-dire de la répartition des sites dans l'espace réciproque. Les fonctions $S_{NN}(\mathbf{q})$ et $g_{NN}(r)$ représentent les fluctuations en nombres d'atomes dans l'alliage.

$$S_{NN}(\mathbf{q}) = C_\alpha^2 S_{\alpha\alpha}^{FZ}(\mathbf{q}) + 2C_\alpha C_\beta S_{\alpha\beta}^{FZ}(\mathbf{q}) + C_\beta^2 S_{\beta\beta}^{FZ}(\mathbf{q}). \tag{AII.13}$$

D'où

$$g_{NN}(r) - 1 = \frac{1}{2\pi^2 \rho_0 r} \int_0^\infty q(S_{NN}(\mathbf{q}) - 1) \sin(\mathbf{q}.\mathbf{r}) \, d\mathbf{q} = C_\alpha^2 g_{\alpha\alpha}(r) + 2C\alpha C\beta g\alpha\beta r + C\beta 2g\beta\beta r \tag{AII.13}$$

AII.3.2 Le facteur structure partiel Concentration-Concentration $S_{CC}(q)$:

Le facteur de structure partiel $S_{CC}(q)$ est liée à la fluctuation de concentration dans le système et il décrit l'ordre chimique. Il s'écrit

$$S_{CC}(\mathbf{q}) = C_\alpha C_\beta [1 + C_\alpha C_\beta (S_{\alpha\alpha}^{FZ}(\mathbf{q}) + S_{\beta\beta}^{FZ}(\mathbf{q}) - 2S_{\alpha\beta}^{FZ}(\mathbf{q}))]. \tag{AII.15}$$

La fonction de corrélation partielle $g_{CC}(r)$ s'écrit alors :

$$\frac{1}{2\pi^2 \rho_0 r C_\alpha C_\beta} \int_0^\infty \mathbf{q} \left(\frac{S_{CC}(\mathbf{q})}{C_\alpha C_\beta} - 1 \right) \sin(\mathbf{q}.\mathbf{r}) \, d\mathbf{q} = g_{\alpha\alpha}(r) + g_{\beta\beta}(r) - 2g_{\alpha\beta}(r) = \frac{g_{CC}(r)}{(C_\alpha C_\beta)^2} \tag{AII.16}$$

AII.3.3 Le facteur de structure partiel Nombre-Concentration $S_{NC}(q)$

Sa transformée de Fourier permet de donner une corrélation entre les sites de diffraction et leur occupation par une espèce chimique. Lorsque la différence entre le facteur de structure partiel $S_{\alpha\alpha}^{FZ}(\mathbf{q})$ et $S_{\beta\beta}^{FZ}(\mathbf{q})$ est grande, les oscillations sont plus marquées dans le $S_{NC}(\mathbf{q})$. Dans le cas d'un système monoatomique $S_{NC}(\mathbf{q}) = 0$ donc toutes les informations du facteur de structure se trouve dans $S_{NN}(q)$. La formule générale du facteur de structure partiel $S_{NC}(\mathbf{q})$ est

$$S_{NC}(\mathbf{q}) = C_\alpha C_\beta \left[C_\alpha \left(S_{\alpha\alpha}^{FZ}(\mathbf{q}) - S_{\alpha\beta}^{FZ}(\mathbf{q}) \right) - C_\beta \left(S_{\alpha\alpha}^{FZ}(\mathbf{q}) - S_{\alpha\beta}^{FZ}(\mathbf{q}) \right) \right] \tag{AII.17}$$

Et donc la fonction de corrélation partiel $g_{NC}(r)$ s' écrit :

$$\frac{1}{2\pi^2 \rho_0 r} \int_0^\infty \mathbf{q} S_{NC}(\mathbf{q}) \sin(\mathbf{q}.\mathbf{r}) d\mathbf{q} = g_{NC}(r) = C_\alpha C_\beta \left(g_{\alpha\alpha}^{FZ}(\mathbf{q}) - g_{\alpha\beta}^{FZ}(\mathbf{q}) \right) - $$
$$C_\beta \left(g_{\alpha\alpha}^{FZ}(\mathbf{q}) - g_{\alpha\beta}^{FZ}(\mathbf{q}) \right) \quad \text{(AII.18)}$$

Si nous avons un système ionique, on peut de calculer le facteur structure partiel Charge-Charge $S_{ZZ}(\mathbf{q})$ et Nombre-Charge $S_{NZ}(\mathbf{q})$ à partir du facteur de structure partiel $S_{CC}(\mathbf{q})$ et $S_{NC}(q)$ sous la forme :

$$S_{ZZ}(\mathbf{q}) = Z_\alpha Z_\beta \frac{S_{CC}(\mathbf{q})}{C_\alpha C_\beta} \quad \text{et} \quad S_{NZ}(\mathbf{q}) = \frac{S_{NC}(\mathbf{q})}{\frac{C_\alpha}{Z_\alpha}} \quad \text{(AII.19)}$$

avec C_α et C_β c'est la concentration des espèces chimique α et β respectivement, Z_α la charge de l'espèce α, et la neutralité globale du système doit être respecté au moyen de la relation de conservation $C_\alpha Z_\alpha + C_\beta Z_\beta = 0$.

ANNEXE III

ISAACS « Interactive Structure Analysis of Amorphous and Crystalline Systems »

AIII.1 Introduction

I.S.A.A.C.S est un logiciel construit pour analyser les propriétés structurales et dynamiques à partir des configurations tridimensionnelles (X, Y, Z) construits par simulation de dynamique moléculaire. Ces propriétés sont calculées automatique à partir des équations usuelles développées dans le corps du texte de ce mémoire pour les fonctions de corrélation de paires totale et partielles, les facteurs de structure totaux (rayons X et neutrons) et partiels suivant les différents formalismes exposés dans l'annexe II, les distributions des nombres de coordination (desquels les unités structurales de tous types), les angles de liaison, les statistiques d'anneaux et les développement en harmoniques sphériques, les propriétés de transport atomiques au moyen du déplacement quadratique moyen des espèces chimiques en présence. Les informations fournies et les courbes peuvent être visualisées facilement sur l'interface d'ISAACS (voir Figure AIII.1) et stockées pour une utilisation ultérieure [Roux & Petkov, 2010].

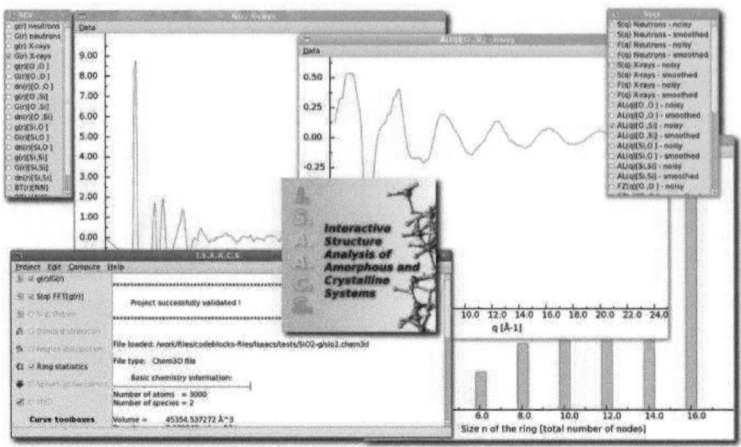

Figure AIII.1 : Vue générale de l'interface ISAACS.

AIII.2 Fonctionnalités

L'interface principale de I.S.A.A.C.S. (Figure AIII.2.a) donne accès à différents menus :

- Dans le menu option *'Project'* (Figure AIII.2.b) on peut faire un *import/export* des coordonnées des atomes à partir des modèles de structure analysée (Section AIII.3).
- Dans le menu option *'Edit'* (Figure IV.2.c) on peut définir les caractéristiques du système à étudier.
- Dans le menu option *'Compute menu'* (Figure AIII.2.d) on peut exécuter les calculs voulus.
- Le menu option *'Help'* (Fig. AIII.2.e) est utilisé pour accéder à la documentation fournie afin d'aider les utilisateurs.

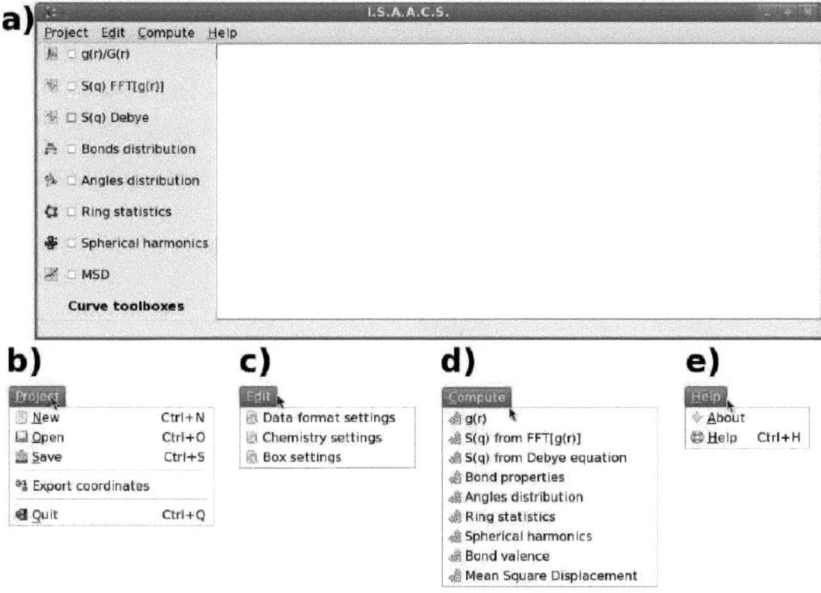

Figure AIII.2: *Interface principale du logiciel ISAACS.*

AIII.3 Les différents types d'anneaux

AIII.3.1 Anneaux de « King »

La première analyse des anneaux a été faite en 1964 par King [King, 1967]. Le but de cette analyse est étudier la connectivité des tétraèdres SiO_4 entre eux et des chemins fermés qui peut exister, appelés anneaux, pour un système amorphe la silice. King a défini un anneau de plus court chemin qui part d'un atome et revient à lui-même par l'un de ses plus proches voisins (Figure AIII.3).

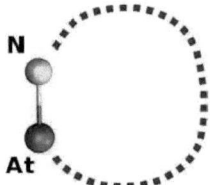

Figure AIII.3 : *critère de recherche des anneaux de type King. (At) atome origine de recherche et (N) atome plus proche voisin.*

AIII.3.2 Plus Courts Chemins (PCC)

L'algorithme de recherche des anneaux de type King a été modifié car dans certain cas plusieurs chemins pouvaient être négligés. Les anneaux de type plus courts chemins (PCC) représentent en effet le plus courts chemin entre deux plus proches voisins (N_1 et N_2) de l'atome l'origine de recherche (At) tel que défini par Guttman et Franzblau [Guttman, 1990; Franzblau, 1991] (Figure IV.4).

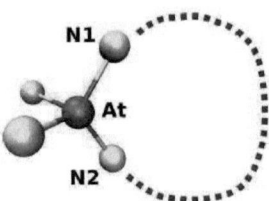

Figure AIII.4: *Critère de recherche des anneaux de type PCC. (At) atome origine de recherche et (N_1 et N_2) les plus proches voisins de l'atome d'origine.*

La Figure AIII.5 montre deux exemples pour lesquels on peut voir la différence entre les critères de recherche des anneaux de type King et de plus courts chemins pour un système amorphe binaire de type AB_2. Les atomes entourés par des rectangles bleus sont les atomes de l'espèce chimique A (rouge) à partir desquels on démarre la recherche et les atomes entourés par des rectangles verts sont les atomes de l'espèce chimique B voisin de l'atome d'origine A. Dans le premier exemple (Figure AIII.5(1)) d'après le critère de King, on peut trouver 9 anneaux à 4 nœuds. Avec les critères de plus court chemin, on peut avoir en plus des 9 anneaux de 4 nœuds, les trois anneaux de taille 18. Le deuxième exemple (Figure AIII.11.(2)), avec les critères de plus court chemin on peut trouver 2 anneaux de 6 nœuds et 1 anneau de 8 nœuds en revanche le critère de King ne permet d'avoir que les 2 anneaux de 6 nœuds.

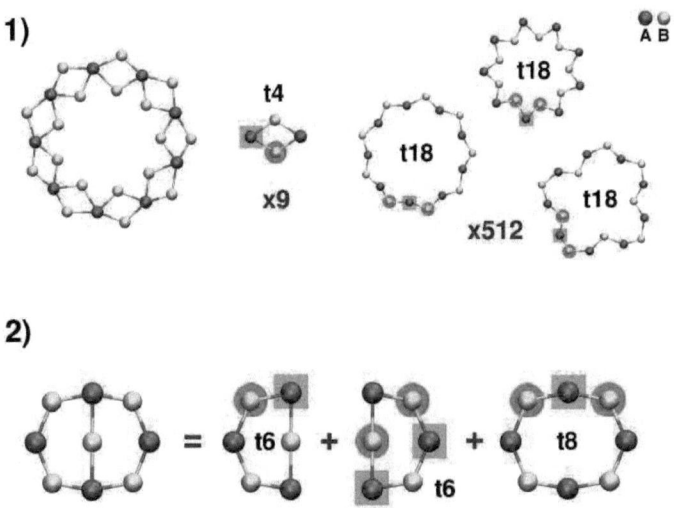

Figure AIII.5 : *Images pour illustrer la différence entre les anneaux de plus court chemins et King.*

AIII.3.3 Anneaux « Primitifs »

On dit qu'un anneau est *primitif* [Goetzke & Klein, 1991; Yuan & Cormack, 2002] ou *Irréductible* [Wooten, 2002], si un anneau n'est pas décomposable en deux anneaux inférieurs. La Figure AIII.6 montre le critère d'obtention d'un anneau primitif, l'anneau AC est composé par le chemin A et C. AC peut être un anneau primitif si le chemin B ne décompose pas l'anneau AC en deux anneaux AB et BC inférieure à l'anneau primitif AC. L'étude des anneaux primitifs de la figure AIII.5 peut donner trois résultats en fonction de la relation entre les chemins A, B, et C :

- Si les trois chemins sont similaires c'est-à-dire A = B = C alors dans ce cas les anneaux AB, AC et BC sont *Irréductibles* ou *primitifs*.
- Si les trois chemins ne sont pas égaux, par exemple A = B < C, alors les anneaux AC et BC sont plus grands que l'anneau AB. Donc les trois anneaux AC, BC et AB sont primitifs parce qu'ils ne sont pas décomposables en deux anneaux inférieurs.

- Si les chemins A < B = C ou A < B < C, alors dans ce cas l'anneau BC ne dispose pas d'un plus court donc cet anneau est décomposable en deux anneaux inférieurs AB et AC

Figure AIII.6 : *Représentation schématique pour illustrer les anneaux primitifs.*

IV.3.4 Anneaux « Fort »

Les anneaux forts [Goetzke & Klein, 1991; Yuan & Cormack, 2002] sont de la même famille que les anneaux primitifs mais ne sont pas décomposables en plusieurs anneaux inférieurs quel que soit le nombre de chemins. L'utilisation des anneaux forts reste très limitée sauf dans le cas des structures ordonnées comme dans la Figure AIII.7 (a) pour la molécule *Buckminster fullerène* où les atomes rouges forment un anneau fort de 9 atomes obtenus après la déformation d'une liaison et comme la Figure AIII.7 (b) pour la molécule C_{60} où on trouve 11 anneaux forts de 5 atomes et 19 anneaux forts de 6 atomes. Le temps de calcul de recherche des anneaux forts reste très long. Dans les systèmes amorphes c'est impossible de trouver les anneaux forts pour une taille plus grands comme le cas des anneaux primitifs. L'algorithme de recherche des anneaux forts est très coûteux en temps de calcul et très difficile à appliquer dans les systèmes amorphes.

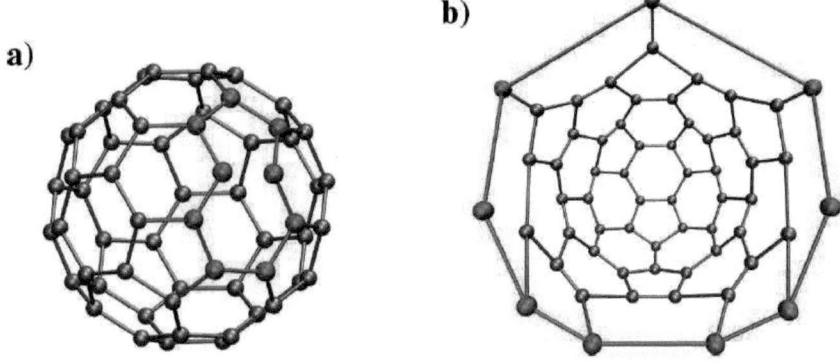

Figure AIII.7: *Représentation schématique des anneaux forts (a) pour la molécule Buckminster fullerène et (b) pour la molécule C_{60}.*

Référence

[1] http://lammps.sandia.gov/

[Adam & Gibbs, 1965]Adam, G. & Gibbs, J. H. On the temperature dependence of cooperative relaxation properties in glass-forming liquids. *The journal of Chemical Physics* **43**, 139 (1965).

[Allen & Tildesley, 1987] Allen, M. P. & Tildesley, D. J. Oxford Science Publications. *Computer Simulation of fluids* (1987).

[Allen & Tildesley, 1989] Allen, M. P. & Tildesley, D. J. *Computer simulation of liquids.* (Oxford university press, 1989).

[Andersen, 1980] Andersen, H. C. Molecular dynamics simulations at constant pressure and/or temperature. *The Journal of Chemical Pphysics* **72**, 2384 (1980).

[Andersen, 2005] Andersen, H. C. Molecular dynamics studies of heterogeneous dynamics and dynamic crossover in supercooled atomic liquids. *Proceedings of the National Academy of Sciences of the United States of America* **102**, 6686–6691 (2005).

[Anderson, 1975] Anderson, J. B. A random-walk simulation of the Schrödinger equation: H. *The Journal of Chemical Physics* **63**, 1499 (1975).

[Angell & *al.*, 2000] Angell, C. A., Ngai, K. L., McKenna, G. B., McMillan, P. F. & Martin, S. W. Relaxation in glassforming liquids and amorphous solids. *Journal of Applied Physics* **88**, 3113–3157 (2000).

[Angell, 1995] Angell, C. A. Formation of glasses from liquids and biopolymers. *Science* **267**, 1924–1935 (1995).

[Angell, 2000] Angell, C. A. Ten questions on glass formers, and a real spaceexcitations' model with some answers on fragility and phase transitions. *Journal of Physics: Condensed Matter* **12,** 6463 (2000).

[Ashcroft & Langreth, 1967] Ashcroft, N. W. & Langreth, D. C. Structure of binary liquid mixtures. I. *Physical Review* **156,** 685 (1967).

[Atkins, 1994] Atkins. P. W, *Physical Chemistry* 5th ed (Oxford University Press, Oxford, 1994).

[Barrat & Hansen, 2003] Barrat, J.-L. & Hansen, J.-P. *Basic concepts for simple and complex liquids*. (Cambridge University Press, 2003).

[Becker & Döring, 1935] Becker, R. & Döring, W. Kinetische behandlung der keimbildung in übersättigten dämpfen. *Annalen der Physik* **416,** 719–752 (1935).

[Benazeth & al., 1982] Bénazeth, S., Carré, D. & Laruelle, P. Structure du diseleniure de lanthane stoechiometrique LaSe2. I. Cristaux macles suivant la loi (100): forme B. *Acta Crystallographica Section B: Structural Crystallography and Crystal Chemistry* **38,** 33–37 (1982).

[Benoit & al., 2001] Benoit, M., Ispas, S. & Tuckerman, M. E. Structural properties of molten silicates from ab initio molecular-dynamics simulations: Comparison $CaO-Al_2O_3-SiO_2$ and SiO_2. *Physical Review B* **64,** 224205 (2001).

[Berendsen & Van Gunsteren, 1986] Berendsen, H. J. C. & Van Gunsteren, W. F. Practical algorithms for dynamic simulations. *Molecular dynamics simulation of statistical mechanical systems* 43–65 (1986).

[Berthier & Biroli, 2011] Berthier, L. & Biroli, G. Theoretical perspective on the glass transition and amorphous materials. *Reviews of Modern Physics* **83,** 587 (2011).

[Berthier & Kob, 2012] Berthier, L. & Kob, W. Static point-to-set correlations in glass-forming liquids. *Physical Review E* **85,** 011102 (2012).

[Bhatia & Thornton, 1970] Bhatia, A. B. & Thornton, D. E. Structural aspects of the electrical resistivity of binary alloys. *Physical Review B* **2,** 3004 (1970).

[Binder & Kob, 2005] Binder. K and Kob. W, *Glassy Materials and Disordered Solids*, World Scientific Publishing, (2005).

[Binder & Kob, 2011] Binder, K. & Kob, W. *Glassy materials and disordered solids: An introduction to their statistical mechanics*. (World Scientific Publishing Company, 2011).

[Bohmer & al., 1993] Böhmer, R., Ngai, K. L., Angell, C. A. & Plazek, D. J. Nonexponential relaxations in strong and fragile glass formers. *The Journal of Chemical Physics* **99,** 4201 (1993).

[Bordat & al., 2003] Bordat, P., Affouard, F., Descamps, M. & Müller-Plathe, F. The breakdown of the Stokes–Einstein relation in supercooled binary liquids. *Journal of Physics: Condensed Matter* **15**, 5397 (2003).

[Bordat & Muller-Plathe, 2002] Bordat, P. & Müller-Plathe, F. The shear viscosity of molecular fluids: A calculation by reverse nonequilibrium molecular dynamics. *The Journal of Chemical Physics* **116**, 3362 (2002).

[Bouhadja & al., 2013] Bouhadja, M. Jakse, N. & Pasturel, A. Structural and dynamic properties of calcium aluminosilicate melts: A molecular dynamics study. *The Journal of Chemical Physics* **138**, 224510 (2013).

[Carre & al.,, 2008] Carre, A., Horbach, J., Ispas, S. & Kob, W. New fitting scheme to obtain effective potential from Car-Parrinello molecular-dynamics simulations: Application to silica. *EPL (Europhysics Letters)* **82**, 17001 (2008).

[Chang & Sillescu, 1997] Chang, I. & Sillescu, H. Heterogeneity at the glass transition: Translational and rotational self-diffusion. *The Journal of Physical Chemistry B* **101**, 8794–8801 (1997).

[Cheng, 2011] Cheng, Y. Q. & Ma, E. Atomic-level structure and structure–property relationship in metallic glasses. *Progress in Materials Science* **56**, 379–473 (2011).

[Comminges & al., 2006] Comminges, C., Barhdadi, R., Laurent, M. & Troupel, M. Determination of viscosity, ionic conductivity, and diffusion coefficients in some binary systems: ionic liquids+ molecular solvents. *Journal of Chemical & Engineering Data* **51**, 680–685 (2006).

[Cormier & al., 2003] Cormier, L., Ghaleb, D., Neuville, D. R., Delaye, J.-M. & Calas, G. Chemical dependence of network topology of calcium aluminosilicate glasses: a computer simulation study. *Journal of non-crystalline solids* **332**, 255–270 (2003).

[Cormier & al., 2005] Cormier, L., Neuville, D. R. & Calas, G. Relationship Between Structure and Glass Transition Temperature in Low-silica Calcium Aluminosilicate Glasses: the Origin of the Anomaly at Low Silica Content. *Journal of the American Ceramic Society* **88**, 2292–2299 (2005).

[Courtial & Dingwell, 1995] Courtial, P. & Dingwell, D. B. Nonlinear composition dependence of molar volume of melts in the $CaO-Al_2O_3-SiO_2$ system. *Geochimica et Cosmochimica Acta* **59**, 3685–3695 (1995).

[Cristiglio & al., 2010] Cristiglio, V. and al. Neutron diffraction study of molten calcium aluminates. *Journal of Non-Crystalline Solids* **356**, 2492–2496 (2010).

[Cusack, 1986] Cusack, R. & Cone, D. K. A review of parasites as vectors of viral and bacterial diseases of fish. *Journal of Fish Diseases* **9**, 169–171 (1986).

[Das & al., 2008] Das, S. K., Horbach, J. & Voigtmann, T. Structural relaxation in a binary metallic melt: Molecular dynamics computer simulation of undercooled Al_{80} Ni_{20}. *Physical Review B* **78**, 064208 (2008).

[Das, 2004] Das, S. P. Mode-coupling theory and the glass transition in supercooled liquids. *Reviews of modern physics* **76**, 785 (2004).

[Debenedett, 2001] Debenedetti, P. G. & Stillinger, F. H. Supercooled liquids and the glass transition. *Nature* **410**, 259–267 (2001).

[Debenedetti & Stillinger, 2001] Debenedetti, P. G. & Stillinger, F. H. Supercooled liquids and the glass transition. *Nature* **410**, 259–267 (2001).

[Dobson & al., 2001] Dobson Dobson, D. P., Brodholt, J. P., VOCADLO, L. & Crichton, W. A. Experimental verification of the Stokes-Einstein relation in liquid Fe—FeS at 5 GPa. *Molecular Physics* **99**, 773–777 (2001).

[Donati , 1999] Donati, C., Glotzer, S. C. & Poole, P. H. Growing spatial correlations of particle displacements in a simulated liquid on cooling toward the glass transition. *Physical review letters* **82**, 5064–5067 (1999).

[Drewitt & al., 2011] Drewitt, J. W. and al. The structure of liquid calcium aluminates as investigated using neutron and high energy x-ray diffraction in combination with molecular dynamics simulation methods. *Journal of Physics: Condensed Matter* **23**, 155101 (2011).

[Dutt & al, 1992] Dutt, D. A., Higby, P. L. & Griscom, D. L. A structural model for low silica content calcium aluminosilicate glasses. *Physics and chemistry of glasses* **33**, 51–55 (1992).

[Ediger, 2000] Ediger, M. D. Spatially heterogeneous dynamics in supercooled liquids. *Annual review of physical chemistry* **51**, 99–128 (2000).

[Ehlers, 1972] Ehlers, E. G. & Ehlers, E. *The interpretation of geological phase diagrams*. (WH Freeman San Francisco, 1972).

[Elliot, 1983] D. Elliot, Bauman, *In Biochemistry of location*, (1983) 437-468

[Ewald, 1921] Ewald, P. P. Die Berechnung optischer und elektrostatischer Gitterpotentiale. *Annalen der Physik* **369**, 253–287 (1921).

[Faber & Ziman, 1965] Faber, T. E. & Ziman, J. M. A theory of the electrical properties of liquid metals: III. The resistivity of binary alloys. *Philosophical Magazine* **11**, 153–173 (1965).

[Fahrenheit, 1724] Fahrenheit. D.G, Experimenta & Observationes De Congelatione Aquae in Vacuo Factae. *Philosophical Transactions of the Royal Society of London*, 33, 78–84 (1724).

[Farnan & al., 1994] Farnan, I. & Stebbins, J. F. The nature of the glass transition in a silica-rich oxide melt. *Science* **265**, 1206–1209 (1994).

[Farnan & Stebbins, 1994] Farnan, I. & Stebbins, J. F. The nature of the glass transition in a silica-rich oxide melt. *Science* **265**, 1206–1209 (1994).

[Feuston & Garofalini, 1988] Feuston, B. P. & Garofalini, S. H. Empirical three-body potential for vitreous silica. *The Journal of Chemical Physics* **89**, 5818 (1988).

[Fletcher & Reeves, 1972] R. Fletcher and C. M. Reeves, *J. Res. Develop*, **16**, 431-433(1972).

[Franzblau, 1991] Franzblau, D. S. Computation of ring statistics for network models of solids. *Physical Review B* **44**, 4925 (1991).

[Freemann, 1972] W.H. Freemann and Company, San Francisco, 280 (1972).

[Frenkel & Smit, 2001] Frenkel, D. & Smit, B. *Understanding molecular simulation: from algorithms to applications*. (Academic press, 2001).

[Fulcher, 1923] Fulcher, G. S. Analysis of recent measurements of the viscosity of glasses. *Journal of the American Ceramic Society* **8**, 339–355 (1925).

[Ganster & al., 2004] Ganster, P., Benoit, M., Kob, W. & Delaye, J.-M. Structural properties of a calcium aluminosilicate glass from molecular-dynamics simulations: A finite size effects study. *The Journal of Chemical Physics* **120**, 10172 (2004).

[Ganster & al., 2008] Ganster, P., Benoit, M., Delaye, J.-M. & Kob, W. Surface of a calcium aluminosilicate glass by classical and ab initio molecular dynamics simulations. *Surface Science* **602**, 114–125 (2008).

[Ganster, 2004] Ganster. P, « Thèse de Doctorat de l'Université de Montpellier » (2004).

[Gentile & Foster, 1963] GENTILE, A. L. & FOSTER, W. R. Calcium hexaluminate and its stability relations in the system CaO–Al2O3–SiO2. *Journal of the American Ceramic Society* **46**, 74–76 (1963).

[Goetzke & Klein, 1991] Goetzke, K. & Klein, H.-J. Properties and efficient algorithmic determination of different classes of rings in finite and infinite polyhedral networks. *Journal of non-crystalline solids* **127**, 215–220 (1991).

[Goldstein, 1994] Goldstein, R. F. Efficient rotamer elimination applied to protein side-chains and related spin glasses. *Biophysical Journal* **66**, 1335–1340 (1994).

[Gotze, 1992] Gotze, W. & Sjogren, L. Relaxation processes in supercooled liquids. *Reports on Progress in Physics* **55,** 241 (1992).

[Guillot & Sator, Geoch, 2007] Guillot, B. & Sator, N. A computer simulation study of natural silicate melts. Part II: High pressure properties. *Geochimica et Cosmochimica Acta* **71,** 4538–4556 (2007).

[Guttman, 1990] Guttman, L. Ring structure of the crystalline and amorphous forms of silicon dioxide. *Journal of non-crystalline solids* **116,** 145–147 (1990).

[Hafner, 2008] Hafner, J. Ab-initio simulations of materials using VASP: Density-functional theory and beyond. *Journal of computational chemistry* **29,** 2044–2078 (2008).

[Haile, 1992] Haile, J. M. *Molecular dynamics simulation: elementary methods*. (John Wiley & Sons, Inc., 1992).

[Hansen & McDonald, 1968] Hansen, J. P. & McDonald, I. R. Theory of Simple Liquids (Academic, London, 1986).

[Heermann, 1990] Heermann, D. W. *Computer-Simulation Methods*. (Springer, 1990).

[Hennet, 2012] L. Hennet, private communication (2012).

[Highby, 1990] Higby, P. L., Ginther, R. J., Aggarwal, I. D. & Friebele, E. J. Glass formation and thermal properties of low-silica calcium aluminosilicate glasses. *Journal of non-crystalline solids* **126,** 209–215 (1990).

[Himmel & al., 1991] Himmel, B., Weigelt, J., Gerber, T. & Nofz, M. Structure of calcium aluminosilicate glasses: wide-angle X-ray scattering and computer simulation. *Journal of non-crystalline solids* **136,** 27–36 (1991).

[Hinchliffe , 2003] Hinchliffe, A. *Molecular modelling for beginners*. (Wiley, 2005).

[Hockney & Eastwood, 1989] Hockney, R. W. & Eastwood, J. W. Computer Simulation Using Particles; Adam Hilger: New York, 1989.

[Hodgdon & Stillinger, 1993] Hodgdon, J. A. & Stillinger, F. H. Stokes-Einstein violation in glass-forming liquids. *Physical Review E* **48,** 207 (1993).

[Hoheisel & Vogelsang, 1988] Hoheisel, C. & Vogelsang, R. Thermal transport coefficients for one-and two-component liquids from time correlation functions computed by molecular dynamics. *Computer physics reports* **8,** 1–69 (1988).

[Horbach & Kob, 1999] Horbach, J. & Kob, W. Static and dynamic properties of a viscous silica melt. *Physical Review B* **60,** 3169 (1999).

[Horbach & Kob, 2001] Horbach, J. & Kob, W. Relaxation dynamics of a viscous silica melt: The intermediate scattering functions. *Physical Review E* **64,** 041503 (2001).

[Huang & Kieffer, 2004] Huang, L. & Kieffer, J. Amorphous-amorphous transitions in silica glass. I. Reversible transitions and thermomechanical anomalies. *Physical Review B* **69**, 224203 (2004).

[Huggins & Mayer, 1933] Huggins, M. L. & Mayer, J. E. Interatomic distances in crystals of the alkali halides. *The Journal of Chemical Physics* **1**, 643 (1933).

[Humphrey & al., 1996] Humphrey, W., Dalke, A. & Schulten, K. VMD: visual molecular dynamics. *Journal of molecular graphics* **14**, 33–38 (1996).

[Jakse & al., 2012] Jakse, N. *and al.* Interplay between non-bridging oxygen, triclusters, and fivefold Al coordination in low silica content calcium aluminosilicate melts. *Applied Physics Letters* **101**, 201903–201903 (2012).

[Jin & al., 1993] Jin, W., Vashishta, P., Kalia, R. K. & Rino, J. P. Dynamic structure factor and vibrational properties of SiO_2 glass. *Physical Review B* **48**, 9359 (1993).

[Kang & al., 2006] Kang, E.-T., Lee, S.-J. & Hannon, A. C. Molecular dynamics simulations of calcium aluminate glasses. *Journal of non-crystalline solids* **352**, 725–736 (2006).

[Kauzmann, 1948] Kauzmann, W. The Nature of the Glassy State and the Behavior of Liquids at Low Temperatures. *Chemical Reviews* **43**, 219–256 (1948).

[King, 1967] King, S. V. Ring configurations in a random network model of vitreous silica. *Nature* **213**, 1112–1113 (1967).

[Kob & al., 1012]Kob. W, Roldan-Vargas. S, and Berthier. L, *Characterizing dynamic length scales in glass-forming liquids.* Nature Phys. **8**, 697 (2012).

[Kob & Binder, 2005] W. Kob and K. Binder. (*Glassy materials and disordered solids.* World Scientific 2005).

[Kozaily, 2012] J. Kozaily, « These de Doctorat de l'Université d'Orléans » (2012).

[Lad & al., 2012] Lad, K. N., Jakse, N. & Pasturel, A. Signatures of fragile-to-strong transition in a binary metallic glass-forming liquid. *The Journal of Chemical Physics* **136**, 104509 (2012).

[Lubchenko, 2007] Lubchenko, V. & Wolynes, P. G. The microscopic quantum theory of low temperature amorphous solids. *Advances in Chemical Physics* **136**, 95–206 (2007).

[Mallamace & al., 2010] Mallamace, F. *and al.* Transport properties of glass-forming liquids suggest that dynamic crossover temperature is as important as the glass transition temperature. *Proceedings of the National Academy of Sciences* **107**, 22457–22462 (2010).

[Matsui, 1994] Matsui, M. A transferable interatomic potential model for crystals and melts in the system CaO-MgO-Al$_2$O$_3$-SiO$_2$. *Mineralogical Magazine* **58,** 571–572 (1994).

[Maurin & Motro, 2001] Maurin, B. & Motro, R. Investigation of minimal forms with conjugate gradient method. *International journal of solids and structures* **38,** 2387–2399 (2001).

[Mead & Mountjoy, 2006] Mead, R. N. & Mountjoy, G. A molecular dynamics study of the atomic structure of (CaO)$_x$-(SiO2)$_{1-x}$ glasses. *The Journal of Physical Chemistry B* **110,** 14273–14278 (2006).

[Metropolis & al,. 1953] Metropolis, N., Rosenbluth, A. W., Rosenbluth, M. N., Teller, A. H. & Teller, E. Equation of state calculations by fast computing machines. *The journal of Chemical Physics* **21,** 1087 (1953).

[Meyer & al., 2003] Meyer, A., Petry, W., Koza, M. & Macht, M.-P. Fast diffusion in ZrTiCuNiBe melts. *Applied physics letters* **83,** 3894–3896 (2003).

[Meyer, 2002] Meyer, A. Atomic transport in dense multicomponent metallic liquids. *Physical Review B* **66,** 134205 (2002).

[Morgan & Spera, 2001] Morgan, N. A. & Spera, F. J. Glass transition, structural relaxation, and theories of viscosity: a molecular dynamics study of amorphous CaAl$_2$Si$_2$O$_8$. *Geochimica et Cosmochimica Acta* **65,** 4019–4041 (2001).

[Mori, 1965] Mori, H. A continued-fraction representation of the time-correlation functions. *Progress of Theoretical Physics* **34,** 399–416 (1965).

[Müller-Plathe, 1999] Müller-Plathe, F. Reversing the perturbation in nonequilibrium molecular dynamics: An easy way to calculate the shear viscosity of fluids. *Physical Review E* **59,** 4894 (1999).

[Mysen, 1988] Mysen, B. O. & Mysen, B. O. *Structure and properties of silicate melts.* **354,** (Elsevier Amsterdam, 1988).

[Navrotsky & al., 1985] Navrotsky, A., Geisinger, K. L., McMillan, P. & Gibbs, G. V. The tetrahedral framework in glasses and melts—inferences from molecular orbital calculations and implications for structure, thermodynamics, and physical properties. *Physics and Chemistry of Minerals* **11,** 284–298 (1985).

[Neuville & al., 2008] Neuville, D. R. *and al.* Environments around Al, Si, and Ca in aluminate and aluminosilicate melts by X-ray absorption spectroscopy at high temperature. *American mineralogist* **93,** 228–234 (2008).

[Nosé, 1984a] Nosé, S. A molecular dynamics method for simulations in the canonical ensemble. *Molecular Physics* **52,** 255–268 (1984).

[Novikov & Sokolov, 2004] Novikov, V. N. & Sokolov, A. P. Poisson's ratio and the fragility of glass-forming liquids. *Nature* **431**, 961–963 (2004).

[Osborn & Muan, 1960] Osborn, E. F. & Muan, A. Phase equilibrium diagram of oxide systems. The system CaO–Al2O3–SiO2. Plate1. *The American Ceramic Society and the Edward Orto Jr. Ceramic Foundation* (1960).

[Pan & al., 2005] Pan, A. C., Garrahan, J. P. & Chandler, D. Decoupling of Self-Diffusion and Structural Relaxation during a Fragile-to-Strong Crossover in a Kinetically Constrained Lattice Gas. *Chemical Physics and Physical Chemistry* **6**, 1783–1785 (2005).

[Parisi, 1999] Parisi, G. An increasing correlation length in off-equilibrium glasses. *The Journal of Physical Chemistry B* **103**, 4128–4131 (1999).

[Pfleiderer & al., 2006] Pfleiderer, P., Horbach, J. & Binder, K. Structure and transport properties of amorphous aluminium silicates: Computer simulation studies. *Chemical geology* **229**, 186–197 (2006).

[Plimpton, 1995] Plimpton, S. Fast parallel algorithms for short-range molecular dynamics. *Journal of Computational Physics* **117**, 1–19 (1995).

[Polak & Ribiere, 1969] E. Polak and G. Ribiµere, *Revue Française d'Informatique et de Recherche Opérationnelle*, **16**, 35-43 (1969).

[Rahman, 1964] Rahman, A. Correlations in the motion of atoms in liquid argon. *phys. Rev* **136**, 405–411 (1964).

[Rapaport, 2004] Rapaport, D. C. *The art of molecular dynamics simulation*. (Cambridge university press, 2004).

[Read & al., 2002] Read, J. and al. Oxygen transport properties of organic electrolytes and performance of lithium/oxygen battery. *Journal of The Electrochemical Society* **150**, A1351–A1356 (2003).

[Roux & Petkov, 2010] Le Roux, S. & Petkov, V. ISAACS-interactive structure analysis of amorphous and crystalline systems. *Journal of Applied Crystallography* **43**, 181–185 (2010).

[Sastry & al., 1998] Sastry, S., Debenedetti, P. G. & Stillinger, F. H. Signatures of distinct dynamical regimes in the energy landscape of a glass-forming liquid. *Nature* **393**, 554–557 (1998).

[Sastry & al., 1998] Sastry, S., Debenedetti, P. G. & Stillinger, F. H. Signatures of distinct dynamical regimes in the energy landscape of a glass-forming liquid. *Nature* **393**, 554–557 (1998).

[Shebly, 1985] Shelby, J. E. Properties of lead fluorosilicate glasses. *Journal of the American Ceramic Society* **68,** 551–554 (1985).

[Shi & *al.*, 2013] Shi, Z., Debenedetti, P. G. & Stillinger, F. H. Relaxation processes in liquids: Variations on a theme by Stokes and Einstein. *The Journal of Chemical Physics* **138,** 12A526 (2013).

[Smit & Frenkel, 2002] Smit. B and Frenkel. D, *Understanding Molecular simulations*, Second Edition, Academic Press (2002).

[Snijder & *al.,* 1993] Snijder, E. D., te Riele, M. J., Versteeg, G. F. & Van Swaaij, W. P. M. Diffusion coefficients of several aqueous alkanolamine solutions. *Journal of Chemical and Engineering data* **38,** 475–480 (1993).

[Solvang, 2004 Shelby, J. E. Properties of lead fluorosilicate glasses. *Journal of the American Ceramic Society* **68,** 551–554 (1985).

[Soules, 1979] Soules, T. F. A molecular dynamic calculation of the structure of sodium silicate glasses. *The Journal of Chemical Physics* **71,** 4570 (1979).

[Soules, 1982] Soules, T. F. Molecular dynamic calculations of glass structure and diffusion in glass. *Journal of Non-Crystalline Solids* **49,** 29–52 (1982).

[Stebbins & al, 1999] Stebbins, J. F. & Oglesby, J. V. Al-O-Al oxygen sites in crystalline aluminates and aluminosilicate glasses: High-resolution oxygen-17 NMR results. *American Mineralogist* **84,** 983–986 (1999).

[Stebbins & *al.*, 1995] Stebbins, J. F., McMillan, P. F. & Dingwell, D. B. *Structure, dynamics and properties of silicate melts*. **32,** (Mineralogical Society of America, 1995).

[Stebbins & *al.,* 2000] Stebbins, J. F., Kroeker, S., Keun Lee, S. & Kiczenski, T. J. Quantification of five-and six-coordinated aluminum ions in aluminosilicate and fluoride-containing glasses by high-field, high-resolutio ^{27}Al NMR. *Journal of Non-Crystalline Solids* **275,** 1–6 (2000).

[Stebbins & Xu, 1997] Stebbins, J. F. & Xu, Z. NMR evidence for excess non-bridging oxygen in an aluminosilicate glass. *Nature* **390,** 60–62 (1997).

[Stebbins, 1995] Stebbins, J. F., McMillan, P. F. & Dingwell, D. B. *Structure, dynamics and properties of silicate melts*. **32,** (Mineralogical Society of America, 1995).

[Stillinger & Debenedetti, 2013] Stillinger, F. H. & Debenedetti, P. G. Glass Transition Thermodynamics and Kinetics. *Annual Review of Condensed Matter Physics* (2013). at

[Stillinger & Weber, 1982] Stillinger, F. H. & Weber, T. A. Hidden structure in liquids. *Physical Review A* **25,** 978 (1982).

[Stillinger & Weber, 1985] Stillinger, F. H. & Weber, T. A. Computer simulation of local order in condensed phases of silicon. *Physical Review B* **31**, 5262 (1985).

[Stillinger, 1995] Stillinger, F. H. A topographic view of supercooled liquids and glass formation. *Science* 267,1935–1939 (1995).

[Sung & Know, 1999] Sung, Y.-M. & Kwon, S.-J. Glass-forming ability and stability of calcium aluminate optical glasses. *Journal of materials science letters* **18**, 1267–1269 (1999).

[Swallen *& al.*, 2003] Swallen, S. F., Bonvallet, P. A., McMahon, R. J. & Ediger, M. D. Self-diffusion of tris-naphthylbenzene near the glass transition temperature. *Physical review letters* **90**, 015901 (2003).

[Swope *& al.*, 1982] Swope, W. C., Andersen, H. C., Berens, P. H. & Wilson, K. R. A computer simulation method for the calculation of equilibrium constants for the formation of physical clusters of molecules: Application to small water clusters. *The Journal of Chemical Physics* **76**, 637 (1982).

[Tamman, 1926] Tammann, G. Z. & Hesse, G. The molecular composition of water. *Anorg. Allgem. Chem* **158**, 1–16 (1926).

[Tangney *& al.*, 2002] Tangney, P. & Scandolo, S. An ab initio parametrized interatomic force field for silica. *The Journal of Chemical Physics* **117**, 8898 (2002).

[Tarjus & Kivelson, 1995] Tarjus, G. & Kivelson, D. Breakdown of the Stokes–Einstein relation in supercooled liquids. *The Journal of Chemical Physics* **103**, 3071 (1995).

[Taylor & Brown, 1979] Taylor, M. & Brown, G. E. Structure of mineral glasses—II. The SiO_2 $NaAlSiO_4$ join. *Geochimica et Cosmochimica Acta* **43**, 1467–1473 (1979).

[Taylor & Brown, 1979] Taylor, M. & Brown, G. E. Structure of mineral glasses—I. The feldspar glasses $NaAlSi_3O_8$, $KAlSi_3O_8$, $CaAl_2Si_2O_8$. *Geochimica et Cosmochimica Acta* **43**, 61–75 (1979).

[Thijsse, 1984] Thijsse, B. J. The accuracy of experimental radial distribution functions for metallic glasses. *Journal of applied crystallography* **17**, 61–76 (1984).

[Thomas *& al.*, 2006] Thomas, B. W. M., Mead, R. N. & Mountjoy, G. A molecular dynamics study of the atomic structure of $(CaO)_x$-$(Al2O3)_{1-x}$ glass with x= 0.625 close to the eutectic. *Journal of Physics: Condensed Matter* **18**, 4697 (2006).

[Toplis *& al.*, 2004] Toplis, M. J. & Dingwell, D. B. Shear viscosities of CaO-Al_2O_3-SiO_2 and MgO-Al_2O_3-SiO_2 liquids: Implications for the structural role of aluminium and the degree of polymerisation of synthetic and natural aluminosilicate melts. *Geochimica et cosmochimica acta* **68**, 5169–5188 (2004).

[Tsuneyuki & al., 1990] Tsuneyuki, S., Aoki, H., Tsukada, M. & Matsui, Y. Molecular-dynamics study of the α to β structural phase transition of quartz. *Physical review letters* **64,** 776–779 (1990).

[Turnbull & Fisher, 1949] Turnbull, D. & Fisher, J. C. Rate of nucleation in condensed systems. *The Journal of Chemical Physics* **17,** 71 (1949).

[Urbain & al., 1982] Urbain, G., Bottinga, Y. & Richet, P. Viscosity of liquid silica, silicates and alumino-silicates. *Geochimica et Cosmochimica Acta* **46,** 1061–1072 (1982).

[Van Beest & al., 1990] Van Beest, B. W. H., Kramer, G. J. & Van Santen, R. A. Force fields for silicas and aluminophosphates based on ab initio calculations. *Physical Review Letters* **64,** 1955–1958 (1990).

[Van Gunsteren & Berendsen, 1990] Van Gunsteren, W. F. & Berendsen, H. J. Computer simulation of molecular dynamics: Methodology, applications, and perspectives in chemistry. *Angewandte Chemie International Edition in English* **29,** 992–1023 (1990).

[Vashishta & al., 1990] Vashishta, P., Kalia, R. K., Rino, J. P. & Ebbsjö, I. Interaction potential for SiO_2: A molecular-dynamics study of structural correlations. *Physical Review B* **41,** 12197 (1990).

[Verlet, 1967] Verlet, L. Computer' experiments' on classical fluids. I. Thermodynamical properties of Lennard-Jones molecules. *Physical review* **159,** 98 (1967).

[Vogel, 1921] Vogel, H. Das temperaturabhängigkeitsgesetz der viskosität von flüssigkeiten. *Phys. Z* **22,** 645–646 (1921).

[Vollmayr & al., 1996] Vollmayr, K., Kob, W. & Binder, K. Cooling-rate effects in amorphous silica: A computer-simulation study. *Physical Review B* **54,** 15808 (1996).

[Wales, 2003] Wales, D. *Energy landscapes: applications to clusters, biomolecules and glasses.* (Cambridge University Press, 2003). at

[Wang & al, 2005] Wang, C., Zhang, S. & Chen, N.-X. Ab initio interionic potentials for CaO by multiple lattice inversion. *Journal of alloys and compounds* **388,** 195–207 (2005).

[Weeks, 2000] Weeks, E. R., Crocker, J. C., Levitt, A. C., Schofield, A. & Weitz, D. A. Three-dimensional direct imaging of structural relaxation near the colloidal glass transition. *Science* **287,** 627–631 (2000).

[Widmer-Cooper & al., 2004] Widmer-Cooper, A., Harrowell, P. & Fynewever, H. How reproducible are dynamic heterogeneities in a supercooled liquid? *Physical review letters* **93,** 135701 (2004).

[Wilson & al., 1996] Wilson, M., Madden, P. A., Hemmati, M. & Angell, C. A. Polarization Effects, Network Dynamics, and the Infrared Spectrum of Amorphous SiO_2. *Physical review letters* **77**, 4023–4026 (1996).

[Winkler & al., 2004] Winkler, A., Horbach, J., Kob, W. & Binder, K. Structure and diffusion in amorphous aluminum silicate: A molecular dynamics computer simulation. *The Journal of Chemical Physics* **120**, 384 (2004).

[Woodcock & Singer, 1971]Woodcock, L. V. & Singer, K. Thermodynamic and structural properties of liquid ionic salts obtained by Monte Carlo computation. Part 1.—Potassium chloride. *Trans. Faraday Soc.* **67**, 12–30 (1971).

[Wooten, 2002] Wooten, F. Structure, odd lines and topological entropy of disorder of amorphous silicon. *Acta Crystallographica Section A: Foundations of Crystallography* **58**, 346–351 (2002).

[Wu & al., 1999] Wu, Z. et al. Evidence for Al/Si tetrahedral network in aluminosilicate glasses from Al K-edge x-ray-absorption spectroscopy. *Physical Review B* **60**, 9216 (1999).

[Xu & al., 2009] Xu, L. et al. Appearance of a fractional Stokes–Einstein relation in water and a structural interpretation of its onset. *Nature Physics* **5**, 565–569 (2009).

[Yamamoto, 1998] Yamamoto, R. & Onuki, A. Heterogeneous diffusion in highly supercooled liquids. *Physical Review Letters* **81**, 4915–4918 (1998).

[Yuan & Cormack, 2002] Yuan, X. & Cormack, A. N. Efficient algorithm for primitive ring statistics in topological networks. *Computational materials science* **24**, 343–360 (2002).

[Zachariasen, 1932] Zachariasen, W. H. The atomic arrangement in glass. *Journal of the American Chemical Society* **54**, 3841–3851 (1932).

[Zarzycki, 1982] Zarzycki, J. *Les verres et l'état vitreux*. (Masson, 1982).

[Zöllmer & al., 2003] Zollmer, V., Ratzke, K. & Faupel, F. Diffusion and isotope effect in bulk-metallic glass-forming Pd-Cu-Ni-P alloys from the glass to the equilibrium melt. *Journal of materials research* **18**, 2688–2696 (2003).

[Zöllmer & al., 2003] Zöllmer, V., Rätzke, K., Faupel, F. & Meyer, A. Diffusion in a metallic melt at the critical temperature of mode coupling theory. *Physical review letters* **90**, 195502 (2003).

[Zwanzig, 2001]Zwanzig, R. *Nonequilibrium statistical mechanics*. (Oxford University Press, USA, 2001).

Modeling calcium aluminosilicate glasses by molecular dynamics: Structure and dynamics

The aim of this work is to study the structural and dynamic properties of calcium aluminosilicate glasses $CaO-Al_2O_3-SiO_2$ (CAS) by classical molecular dynamics, using an empirical potential of the Born-Mayer-Huggins type, built on the basis of ab initio molecular dynamics (AIMD) and the experimental results. This potential proves to be transferable for all concentration and the structural and dynamic properties studied.

The evolution of structural properties has been studied as a function of temperature and silica content for the three concentration ratios $R = [CaO]/[Al2O3]= 1$, 1.57 et 3. The results reveal the presence of non-bonding oxygen, oxygen triclusters and AlO_5 structural units for all the concentrations whose number decrease with increasing silica content. The study of the temperature evolution of the viscosity and structural relaxation time shows that the fragility decreases with the increase of silica content for all values of R. A correlation with the evolution of the number non-bonding oxygen indicates that they play a preponderant role for the fragility. It is shown that the mode coupling theory can be applied to the dynamics of the CAS and that a violation of the Stokes-Einstein relation occurs well above the experimental melting point indicating a dynamical heterogeneity.

Keywords: calcium aluminosilicate, diffusion, viscosity, fragility, BMH potential, molecular dynamics, dynamical heterogeneity, non-bonding oxygen.

Modélisation des verres d'aluminosilicates de calcium par dynamique moléculaire : Structure et dynamique

Ce travail a pour but d'étudier les propriétés structurales et dynamiques des verres aluminosilicate de calcium $CaO-Al_2O_3-SiO2$ (CAS) par dynamique moléculaire classique, à partir d'un potentiel empirique de type Born-Mayer-Huggins, construit sur la base de résultats de dynamique moléculaire *ab initio* (AIMD) et expérimentaux. Il montre de bonnes propriétés de transférabilité sur toutes les concentrations pour les propriétés structurales et dynamiques étudiées.

L'évolution des propriétés structurales a été étudiée en fonction de la température et de la concentration en silice pour trois rapports de concentrations $R = [CaO]/[Al2O3]= 1$, 1.57 et 3. Les résultats révèlent la présence des oxygènes non-pontants et tricoordonnés et d'aluminium penta-coordonnés pour toutes les concentrations dont le nombre diminue avec l'augmentation de la concentration en silice. L'étude de la viscosité et du temps de relaxation structurale avec la température a permis de montrer que la fragilité diminue avec l'augmentation de la concentration en silice pour les trois valeurs de R. Une corrélation avec l'évolution des oxygènes non pontant indique que ces derniers jouent un rôle prépondérant pour la fragilité. Il est montré que la théorie des couplages de modes s'applique à la dynamique des CAS et qu'une violation de la relation de Stokes-Einstein se produit au-dessus du point de fusion expérimental indiquant une hétérogénéité dynamique.

Mots clés : aluminosilicate de calcium, diffusion, viscosité, fragilité, potentiel BMH, dynamique moléculaire, hétérogénéité dynamique, oxygènes non pontant.

Oui, je veux morebooks!

i want morebooks!

Buy your books fast and straightforward online - at one of world's fastest growing online book stores! Environmentally sound due to Print-on-Demand technologies.

Buy your books online at
www.get-morebooks.com

Achetez vos livres en ligne, vite et bien, sur l'une des librairies en ligne les plus performantes au monde!
En protégeant nos ressources et notre environnement grâce à l'impression à la demande.

La librairie en ligne pour acheter plus vite
www.morebooks.fr

VDM Verlagsservicegesellschaft mbH
Heinrich-Böcking-Str. 6-8   Telefon: +49 681 3720 174   info@vdm-vsg.de
D - 66121 Saarbrücken   Telefax: +49 681 3720 1749   www.vdm-vsg.de

Printed by Books on Demand GmbH, Norderstedt / Germany